新塑性加工技術シリーズ　2

金 属 材 料
—— 加工技術者のための金属学の基礎と応用 ——

日本塑性加工学会 編

コロナ社

■ 新塑性加工技術シリーズ出版部会

部 会 長	浅 川 基 男	（早稲田大学名誉教授）
副部会長	石 川 孝 司	（名古屋大学名誉教授，中部大学）
副部会長	小 川 　 茂	（新日鉄住金エンジニアリング株式会社顧問）
幹　　事	瀧 澤 英 男	（日本工業大学）
幹　　事	鳥 塚 史 郎	（兵庫県立大学）
顧　　問	真 鍋 健 一	（首都大学東京）
委　　員	宇都宮 　 裕	（大阪大学）
委　　員	高 橋 　 進	（日本大学）
委　　員	中 　 哲 夫	（徳島工業短期大学）
委　　員	村 田 良 美	（明治大学）

（所属は 2016 年 5 月現在）

1.7.1　核生成・成長型の拡散変態 …………………………………… 23
　　1.7.2　純金属の変態 ………………………………………………… 26
　　1.7.3　鋼　の　変　態 ……………………………………………… 26
1.8　析　　　　　出 …………………………………………………… 32
1.9　回復・再結晶・粒成長 …………………………………………… 35
引用・参考文献 ………………………………………………………… 42

2.　材料の強度

2.1　強　度　と　は …………………………………………………… 43
2.2　強　化　機　構 …………………………………………………… 43
　　2.2.1　固　溶　強　化 ……………………………………………… 44
　　2.2.2　析　出　強　化 ……………………………………………… 45
　　2.2.3　粒　界　強　化 ……………………………………………… 46
　　2.2.4　転　位　強　化 ……………………………………………… 46
　　2.2.5　変　態　強　化 ……………………………………………… 46
2.3　応力-ひずみ曲線 …………………………………………………… 47
2.4　高　温　強　度 …………………………………………………… 50
2.5　鉄鋼材料の変形抵抗の定式化 …………………………………… 52
　　2.5.1　熱間加工の変形抵抗 ………………………………………… 53
　　2.5.2　冷間加工の変形抵抗 ………………………………………… 58
　　2.5.3　組合せ応力下の変形抵抗 …………………………………… 60
　　2.5.4　塑性加工のコンピュータシミュレーションにおける材料の取扱い … 63
2.6　高強度化の材料開発 ……………………………………………… 67
引用・参考文献 ………………………………………………………… 68

3.　成形性と材料支配因子

3.1　塑性加工における成形限界 ……………………………………… 70

目 次

1. 金属材料の基礎

1.1 結晶構造 …………………………………………………………………… 1
1.2 結晶の幾何学 ……………………………………………………………… 2
   1.2.1 格子点の表現 ………………………………………………………… 3
   1.2.2 結晶面と結晶方向の表示 …………………………………………… 4
   1.2.3 結晶方位解析 ………………………………………………………… 5
1.3 結晶の欠陥 ………………………………………………………………… 7
   1.3.1 点欠陥 ………………………………………………………………… 8
   1.3.2 線欠陥 ………………………………………………………………… 8
   1.3.3 面欠陥 ………………………………………………………………… 9
1.4 変形機構 …………………………………………………………………… 11
   1.4.1 すべり変形 …………………………………………………………… 11
   1.4.2 双晶変形 ……………………………………………………………… 14
   1.4.3 粒界すべり …………………………………………………………… 15
   1.4.4 変形組織 ……………………………………………………………… 16
1.5 状態図 ……………………………………………………………………… 17
1.6 拡散 ………………………………………………………………………… 21
   1.6.1 フィックの法則 ……………………………………………………… 22
   1.6.2 高速拡散 ……………………………………………………………… 22
1.7 相変態 ……………………………………………………………………… 23

本書は，これからの塑性加工技術者に備えてもらいたいと思う金属材料の知識を集約したものである．また，現場の技術者だけでなく，機械系の学生が社会に出て創造的な仕事ができる生きた材料知識を身につけられるようにも構成した．

　1章では，材料の基礎として変形機構，組織とその形成機構について述べ，2章では，強化機構と変形抵抗について言及した．3章では，材料の成形性を，そして4章では，破壊を取り扱う．5章では，材料の（加工）熱処理と称し，熱処理による組織材質の変化について述べる．6章では，材料の評価方法を概説する．本書は金属材料の中で最も多様性のある鉄鋼材料を主体に取り扱うが，7章では，アルミ，チタン，マグネシウムなどの非鉄金属材料について述べる．8章では，加工技術者が最も頻繁に取り扱う鉄鋼材料に関して，材料開発の動向を紹介する．最後の9章では，最初に述べた塑性加工技術と材料技術の融合によって生まれた，組織材質予測制御技術とホットスタンピング技術をトピックスとして紹介する．

　2016年9月

「金属材料」専門部会長　　瀬沼　武秀

まえがき

　本書は，新塑性加工技術シリーズの1冊として執筆され，その役割は加工技術者に役に立つ金属学の知識を提供することにある．本シリーズの中に『プラスチックの加工と技術』があり，そこでプラスチック材料ならびに CFRP などの複合材料について詳しく扱われるので，本書では金属材料に焦点を絞る．また，最近では塑性加工が可能なセラミックスも開発されているが，用途も限定的なので，本書では取り扱わないことにした．

　加工技術者と材料の関わりは二つに大別できる．一つは塑性加工を加えることで素材に必要特性を与える，材質作り込みに関するものと，もう一つは提供された素材を塑性加工することで必要な形状の製品を製造することである．前者の塑性加工技術者の代表が圧延技術者であり，後者の代表がプレス成形や鍛造に携わる技術者である．これらの加工技術者は，高度な制御技術やシミュレーションを駆使して高品質・高精度な素材ならびに複雑形状の部品の製造を実現しており，日本の世界に誇るモノづくり技術を支える存在となっている．

　一方，材質予測制御技術や超高強度材料の成形技術などの最近の技術の動向を見ると，塑性加工技術と材料技術の融合が今後の塑性加工技術の発展に不可避であることがわかる．すなわち，材料のことを熟知することで加工技術者としての幅が大きく広がり，ますます高度化する技術開発への対応力が強化されることになる．具体例を挙げれば，材料の変形抵抗の本質を知ることで圧延技術者は板厚精度の向上を果たすことができ，また，材料の知識を持つ成形技術者なら，最近注目されているホットスタンピング技術で課題となっている生産性の向上も本書で後述するように適切な解決策を提案できると推察される．

■ 「金属材料」専門部会

　部 会 長　　瀬沼 武秀（岡山大学特任教授）

■ 執筆者

　瀬沼 武秀（岡山大学特任教授）　全章
　樋渡 俊二（新日鐵住金株式会社）　2.5.4項
　菊池 正夫（元九州大学）　7.1, 8.6節

（2016年9月現在，執筆順）

小豆島　　明	関口　秀夫
池田　　孜	冨塚　　功
池田　貢基	鳥阪　泰憲
大内　清行	町田　輝史
川井　謙一	宮川　松男
小林　　勝	若井　史博
佐藤　廣士	（五十音順）

刊行のことば

　ものづくりの重要な基盤である塑性加工技術は，わが国ではいまや成熟し，新たな展開への時代を迎えている．

　当学会編の「塑性加工技術シリーズ」全19巻は1990年に刊行され，わが国で初めて塑性加工の全分野を網羅し体系立てられたシリーズの専門書として，好評を博してきた．しかし，塑性加工の基礎は変わらないまでも，この四半世紀の間，周辺技術の発展に伴い塑性加工技術も進歩を遂げ，内容の見直しが必要となってきた．そこで，当学会では2014年より新塑性加工技術シリーズ出版部会を立ち上げ，本学会の会員を中心とした各分野の専門家からなる専門出版部会で本シリーズの改編に取り組むことになった．改編にあたって，各巻とも基本的には旧シリーズの特長を引き継ぎ，その後の発展と最新データを盛り込む方針としている．

　新シリーズが，塑性加工とその関連分野に携わる技術者・研究者に，旧シリーズにも増して有益な技術書として活用されることを念じている．

　2016年4月

　　　　　　　　　　　　　日本塑性加工学会　第51期会長　真　鍋　健　一
　　　　　　　　　　　　　　　　　　　　　　（首都大学東京教授　工博）

3.2　成形性に及ぼす材料の影響………………………………………73
　　3.2.1　張 出 し 性………………………………………………74
　　3.2.2　深 絞 り 性………………………………………………75
　　3.2.3　伸びフランジ性と曲げ性…………………………………76
　　3.2.4　せん断加工性………………………………………………77
　　3.2.5　成形性に及ぼす温度，ひずみ速度の影響………………78
引用・参考文献………………………………………………………………80

4. 破壊と材料支配因子

4.1　延 性 破 壊………………………………………………………81
　　4.1.1　延性破壊の機構……………………………………………81
　　4.1.2　延性破壊条件式……………………………………………82
4.2　脆 性 破 壊………………………………………………………83
4.3　疲 労 破 壊………………………………………………………86
4.4　水素脆化と遅れ破壊………………………………………………91
4.5　応 力 腐 食 割 れ………………………………………………93
引用・参考文献………………………………………………………………94

5. 材料の（加工）熱処理

5.1　焼なまし（焼鈍）…………………………………………………95
　　5.1.1　再 結 晶 焼 鈍……………………………………………96
　　5.1.2　低温焼なまし………………………………………………96
　　5.1.3　二 相 域 焼 鈍……………………………………………98
　　5.1.4　球 状 化 焼 鈍……………………………………………98
5.2　焼入れ・焼戻し……………………………………………………98
5.3　時効処理と塗装焼付け……………………………………………101
　　5.3.1　析 出 処 理…………………………………………………102

5.3.2　ひずみ時効と塗装焼付け処理（BH処理）･･････････103
5.4　焼　な　ら　し････････････････････････････････････105
5.5　表面硬化処理････････････････････････････････････105
　5.5.1　浸炭，窒化････････････････････････････････105
　5.5.2　高周波加熱処理････････････････････････････106
　5.5.3　レーザ処理････････････････････････････････107
　5.5.4　ショットピーニング････････････････････････108
　5.5.5　PVD，CVD･･･････････････････････････････108
5.6　組織微細化のための加工熱処理････････････････････109
5.7　オースフォーミング･･････････････････････････････111
5.8　焼戻し温間鍛造･･････････････････････････････････113
引用・参考文献･･113

6. 材料の評価

6.1　組　織　観　察･･････････････････････････････････115
　6.1.1　マクロ組織観察････････････････････････････115
　6.1.2　光学顕微鏡による組織観察･･････････････････115
　6.1.3　電子顕微鏡による組織観察･･････････････････116
　6.1.4　三次元アトムプローブ･･････････････････････117
6.2　材　料　試　験･･････････････････････････････････118
　6.2.1　引　張　試　験････････････････････････････118
　6.2.2　圧　縮　試　験････････････････････････････118
　6.2.3　張出し試験････････････････････････････････119
　6.2.4　深絞り試験････････････････････････････････120
　6.2.5　穴広げ試験････････････････････････････････120
　6.2.6　曲げ試験･･････････････････････････････････121
　6.2.7　ねじり試験････････････････････････････････122
　6.2.8　衝撃試験･･････････････････････････････････123
　6.2.9　硬さ試験･･････････････････････････････････123
　6.2.10　疲労試験･････････････････････････････････124

6.2.11　クリープ試験 ………………………………………… 125
　　6.2.12　水素脆化試験 ………………………………………… 125
　6.3　非 破 壊 検 査 ………………………………………………… 126
　　6.3.1　放 射 線 試 験 …………………………………………… 126
　　6.3.2　超音波探傷試験 ………………………………………… 126
　　6.3.3　磁気探傷試験 …………………………………………… 127
　　6.3.4　浸透探傷試験 …………………………………………… 127
　引用・参考文献 ………………………………………………………… 127

7. おもな非鉄金属材料

　7.1　アルミニウムおよびアルミニウム合金 ……………………… 128
　7.2　チタンおよびチタン合金 ……………………………………… 134
　　7.2.1　α型チタン合金 ………………………………………… 137
　　7.2.2　α+β型チタン合金 ……………………………………… 137
　　7.2.3　β型チタン合金 ………………………………………… 138
　　7.2.4　チタンの金属間化合物 ………………………………… 139
　7.3　マグネシウムおよびマグネシウム合金 ……………………… 143
　7.4　銅および銅合金 ………………………………………………… 145
　　7.4.1　黄　　　　銅 …………………………………………… 147
　　7.4.2　青　　　　銅 …………………………………………… 148
　　7.4.3　白銅および洋白・洋銀 ………………………………… 149
　　7.4.4　そのほかの合金銅 ……………………………………… 149
　7.5　ニッケルおよびニッケル合金 ………………………………… 150
　引用・参考文献 ………………………………………………………… 152

8. 高 機 能 材 料

　8.1　超微細組織鋼 …………………………………………………… 153
　8.2　超成形性冷延鋼板 ……………………………………………… 154

- 8.3 高機能ハイテン……………………………………………………………155
  - 8.3.1 BH 鋼板……………………………………………………………155
  - 8.3.2 DP 鋼………………………………………………………………156
  - 8.3.3 TRIP 鋼……………………………………………………………157
  - 8.3.4 TWIP 鋼……………………………………………………………160
  - 8.3.5 延性-穴広げ性バランスに優れた高強度鋼板………………………161
- 8.4 超高強度材料…………………………………………………………………162
  - 8.4.1 伸線パーライト………………………………………………………162
  - 8.4.2 マルエージング鋼……………………………………………………163
- 8.5 表面処理鋼板…………………………………………………………………163
- 8.6 ステンレス鋼…………………………………………………………………164
  - 8.6.1 Cr系ステンレス鋼……………………………………………………165
  - 8.6.2 Cr-Ni系ステンレス鋼………………………………………………167
- 8.7 超塑性材料……………………………………………………………………170
- 引用・参考文献……………………………………………………………………172

9. 材料技術のトピックス

- 9.1 組織材質予測制御技術………………………………………………………173
- 9.2 ホットスタンピング技術……………………………………………………182
- 引用・参考文献……………………………………………………………………186

索引……………………………………………………………………………188

1 金属材料の基礎

本章では,金属材料の基礎として,まずその構造と変形機構について述べる.つぎに,材料に必要特性を付与する組織制御の基礎となる平衡状態図,拡散,変態,析出,回復・再結晶について説明する.

1.1 結晶構造

金属は,金属アモルファスなどの例外を除けば,固体状態で結晶構造を持つ.この構造を維持しているのが金属結合である.金属結合とは,電気陰性度の低い原子が電子を放出して,多数の原子間で電子を共有することで成り立つ結合である.結晶とは,各原子の周りに特定の数の近接原子が配位した,高度の規則的配置をとった構造である.金属の結晶構造としては以下の三つの構造がよく知られている.

最初に,原子が最密な配位を持つ二つの構造について述べる.**図1.1**と**図1.2**がそれらの構造で一つの中心原子の周りに最大12個の原子が隣接する.

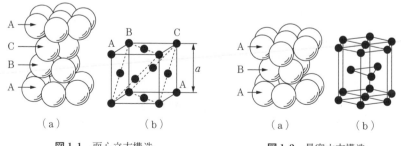

図1.1　面心立方構造　　　　　図1.2　最密六方構造

この図に示すように，上下方向に三層目の原子の隣接状態が異なることで2通りの結晶構造をとる．ABCABC…と重なった結晶構造を持つものを面心立方構造（fcc）といい，ABAB…と重なった結晶構造を持つものを最密六方構造（hcp）という．単位格子内で原子が占める割合を原子充填率というが，これらの最密配位では最大 0.74 である．面心立方構造の格子間距離 a は，原子半径を r とすると，$4r/\sqrt{2}$ で表される．

もう一つの結晶構造は，体心立方晶（bcc）と称され，**図 1.3** に示す構造を持つ．この場合は一つの中心原子の周りに 8 原子が隣接する配位となる単位格子を持ち，原子充填率は最大 0.68 と低く，格子定数 a は $4r/\sqrt{3}$ で表される．それゆえ，鉄鋼材料の変態のように冷却時に fcc 構造から bcc 構造に変化する場合は体積膨張が起こる．

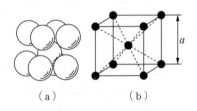

図 1.3　体心立方構造

これらの三つの結晶構造に属する金属の例をつぎに示す．
　　面心立方構造：Au, Ag, Cu, Al, Ni, Pt, Ir, Rh, Pb, Pd, Ca, β-Co, γ-Fe
　　最密六方構造：Mg, Zn, Cd, Be, α-Co, α-Ti, α-Zr
　　体心立方構造：Li, K, Na, W, Mo, V, Ta, Nb, α-Fe, δ-Fe, β-Ti, β-Zr

Fe, Ti, Zr, Co は結晶構造が温度によって異なる．

1.2　結晶の幾何学

固体結晶内で三次元的に配列した原子の幾何学的関係を示すのに，**図 1.4** の

ような三つの座標軸 x, y, z, それらの間の角度を $α$, $β$, $γ$ とすると便利であり，それらを用いて表示すると，すべての固体結晶は**表1.1**に示すように軸長，軸角の組合せによって7種類の結晶系に分類される．この中で金属結晶は立方晶系と六方晶系に属する．

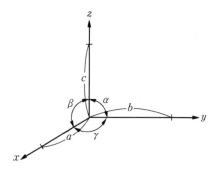

図1.4 結晶軸と軸角

表1.1 結晶系の軸長と軸角および結晶学での呼称

結晶系	軸 長	軸 角	結晶学での呼称
立方晶系	$a=b=c$	$α=β=γ=90°$	単純立方，体心立方，面心立方
正方晶系	$a=b≠c$	$α=β=γ=90°$	単純正方，体心正方
斜方晶系	$a≠b≠c$	$α=β=γ=90°$	単純斜方，底心斜方，体心斜方，面心斜方
三方晶系	$a=b=c$	$α=β=γ≠90°$	単純三方（菱面体）
六方晶系	$a=b≠c$	$α=β=90°$, $γ=120°$	単純六方
単斜晶系	$a≠b≠c$	$α=γ=90°≠β$	単純単斜，底心単斜
三斜晶系	$a≠b≠c$	$α≠β≠γ≠90°$	単純三斜

1.2.1 格子点の表現

単位格子内の1個の原子の位置は，**図1.5**に示す体心点Pの例に示すように，三次元座標で示した単位格子の結晶軸上各辺の長さを単位にとった座標点 $(a/2\ b/2\ c/2)$ で表すことができる．面心立方晶では軸角が直角（直交座標）で，1辺の長さが3軸で等しいので，原点は0 0 0，面心点は0 1/2 1/2, 1/2 0 1/2, 1/2 1/2 0, 1 1/2 1/2, 1/2 1 1/2, 1/2 1/2 1で表され，体心立方晶でも同様に原点は0 0 0，体心点は1/2 1/2 1/2となる．

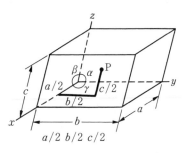

図1.5 単位格子内体心点の表現

1.2.2 結晶面と結晶方向の表示

すべり変形は，ある特定の結晶面と結晶方向で起こることが知られている．この結晶面と結晶方向のペアですべりが起こる場合，これをすべり系という．すべり系を理解するうえでも，これらの結晶面と結晶方向を一義的に定義する表示法が必要となる．

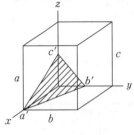

図 1.6 結晶格子面の表示

結晶面は，選択した単位胞に対するミラー指数（Miller indices）で表すことができる．このミラー指数は，軸長が a, b, c である単位胞について，考えている面と単位胞の各軸との交点 a', b', c' が a/h, b/k, c/l で表されるとき，その面を (hkl) で表す（図 1.6）．ここで，交点を持たないときは交点を∞とする．

また，hkl が分数のときは最小の整数で表す．一方，負の方向で交わるときは数字の上にバーを付ける．また，立方晶の場合，$a=b=c$ であるので (100), (010), (00$\bar{1}$) などは等価である．これらをまとめて {100} と表す．ほかの対称性の高い結晶系に属する結晶のミラー指数も同様の考え方で表記する．図 1.7 に立方晶系格子の主要面のミラー指数を示す．

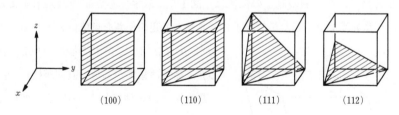

図 1.7 立方晶の結晶面のミラー指数表示例

格子点の表現で示したように，任意の点 R は単位格子の軸長 a, b, c を用いて R(ua, vb, wc) で表すことができる．すなわち，原点よりこの点に向かうベクトルは基本ベクトル（a 軸，b 軸，c 軸）に対して，$R=ua+vb+wc$ となる．このベクトルの方向を［uvw］と表示し，u，v，w は共通な約数を持たない最小の整数とする．すなわち，［0.5 0.5 1］は［112］と表す．図 1.8 に方向

の表示の例を示すが，この結晶の格子が正方晶に属するとすれば，この結晶を90°回転しても，元の結晶と区別がつかない．このようなとき，[100]と[010]をまとめて表したいときがあるが，その場合は〈100〉と数値の大きな順序で表す．また，考えている方向がいくつかの軸のマイナス方向に沿って存在するときは[11$\bar{2}$]のように数字の上にバーをつけて表す．

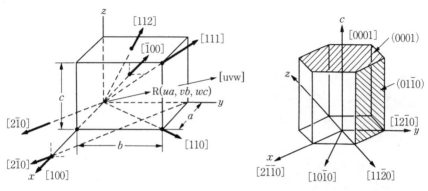

図1.8　結晶方向の三次元直交座標の表示例

図1.9　六方晶における結晶方向と結晶面の表示例

六方晶では，六角柱単位格子の底面で三つの軸をとり，高さ方向の c 軸と合わせて格子面を (h, k, i, l) のように表すが，$i = -(h+k)$ の関係がつねに成り立つ．六方晶における結晶方向および結晶面のいくつかの例を図1.9に示す．

1.2.3　結晶方位解析

後述するが，それぞれの結晶構造により，すべりやすい面と方向（すべり系）があるために，力の加わる方向で結晶の変形挙動が異なる．工業用材料は一般に多結晶であるので，どのような方位の結晶がどの程度存在するのかを知ることが材料の変形挙動を推測するのに必要となる．多結晶体の各結晶の方位を求める方法として各結晶粒に電子線を当て，反射電子の回折パターンから結晶方位を求めるEBSD（electron back scatter diffraction patterns）が知られている．この手法は図1.10に示すように組織画像に示されている結晶の方位を求めることができるため，組織と結晶方位の関係を検討するのに有効である．

一昔前までは多結晶体の方位解析にはX線回折法が用いられていたが，EBSD解析の高速化に伴って大量の測定を比較的短時間に行えるようになったため，EBSD法による広範囲の測定で多結晶体の方位分布（集合組織）を求めることができるようになった．また，このデジタルデータはr値，磁気特性，ヤング率などの結晶方位依存性を持つ特性の算出に利用されている．

図1.10 EBSDによって測定された結晶方位

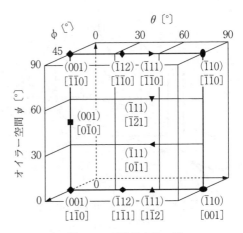

図1.11 三次元表示の例

材料がどのような集合組織を有しているのかを把握するために，いくつかの表示法が開発されている．各結晶の面と方位は一般にオイラー角 ($\phi\psi\theta$) により三次元空間で定義される．図1.11はその一例で，$\phi=45°$のときψとθを変数として存在する方位を示している．この面では図に示すように重要な方位が存在するために単独によく用いられるが，三次元の情報を表現するにはϕを5°ごとにとってマップ化する方法がよくとられる．

また，方位の三次元分布を二次元化する手法にステレオ投影法がある．この作図法を簡単に説明する．小さな結晶を球（投影球）の中心におく．つぎに結晶の面の法線と球の表面との交点をPとする（図1.12）．点Pを平面（赤道面）上に南極Sを視点として，P'を投影する操作をステレオ投影という．この方法で描かれた図を正極点図と呼び，その一例を図1.13に示す．ここで示

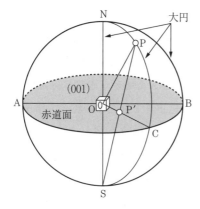 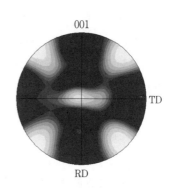

図 1.12 ステレオ投影図の作成法　　**図 1.13** 正極点図の例

された存在頻度の等高線（色合い）で集合組織の特徴が一目でわかる．このように，正極点図は材料座標系を投影球に固定して，特定結晶面の極点位置をステレオ投影図上に表したものである．一方，結晶座標系を，例えば立方体軸 [100], [010], [001] を座標軸にしてステレオ投影図上に材料の特定方位である圧延面法線（ND），圧延方向（RD）などをプロットしたものを逆極点図という．立方晶ではその対称性から ND, RD などを ⟨100⟩, ⟨110⟩, ⟨111⟩ で囲まれた単位ステレオ三角上に示すことができる．

1.3 結晶の欠陥

結晶構造のすべての格子点に1種類の原子が整然と並んだ完全結晶は実際には存在せず，実用材はなんらかの欠陥を含んでいる．それらの欠陥を**表 1.2** に幾何学的特徴で分類して示す．

表 1.2 結晶内の欠陥の種類

点欠陥	原子空孔，侵入型固溶原子，置換型固溶原子
線欠陥	転位，点欠陥の線状配列
面欠陥	結晶粒界，双晶境界，積層欠陥，逆位相境界，異相界面，表面
体積欠陥	析出物，介在物，第二相，ボイド，割れ

1.3.1 点欠陥

原子が規則正しく並んだ結晶の中に図1.14に示すように各種の点欠陥が生ずる．図（a）はあるべき位置に原子が存在せず空隙を生ずる原子空孔，図（b）は異種類の原子が格子位置に置換されて入る場合（置換不純物原子），図（c）は格子間の位置に小さな原子が押し込まれて存在する場合（格子間不純物原子）を示す．いずれも図に示すように周辺の原子配置をひずませる．原子空孔には系に最小の自由エネルギーを与える熱平衡濃度 C_v が存在する．この濃度は温度上昇に伴って高くなる．原子空孔は後述する拡散現象で重要な役割を果たし，高温で拡散速度が速くなる原因として空孔濃度が高くなることが挙げられる．

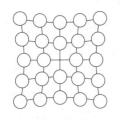 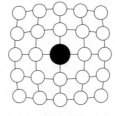 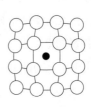

　（a）原子空孔　　　（b）置換不純物原子　　（c）格子間不純物原子

図1.14　点欠陥の二次元的表現

格子間不純物原子は侵入型固溶原子とも呼ばれ，マトリックス原子に比べてそのサイズがかなり小さい．鉄中の水素，炭素，窒素，酸素は典型的な侵入型固溶原子であり，拡散が速く，固溶強化能も大きく鉄鋼材料の性質に大きな影響を及ぼす．

1.3.2 線欠陥

線欠陥の代表が転位である．転位には刃状転位とらせん転位がある．図1.15にそれぞれの転位のイメージ図を示す．刃状転位の場合，この図で縦の原子面の一つが上下で1対1の対応が崩れているところがある．これが転位である．この結晶に図のようなせん断応力が加わった場合，転位は移動し，表面

1.3 結晶の欠陥

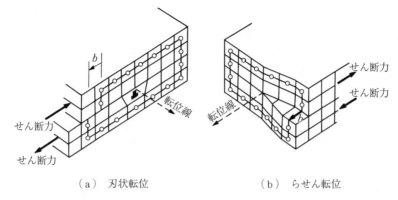

（a） 刃状転位　　　　　（b） らせん転位

図 1.15　2 種類の転位

に達すると 1 原子分のずれが生じる．この格子一間隔のずれ b をバーガースベクトルという．図（a）のように転位線とバーガースベクトルが直行する転位を刃状転位といい，図（b）のように，たがいに平行する転位をらせん転位という．また，この中間の方向を持った転位を混合転位という．

1.3.3　面　欠　陥

変形に大きな影響を与える面欠陥として積層欠陥と粒界が挙げられる．結晶構造のところで説明したように，fcc 結晶における原子の最稠密面である {111} 面には，A，B，C の三つの積層が区別できる（図 1.1）．fcc 結晶においては，ABCABCABC…のような順番で三つの積層が規則正しく積み重なっている．また，最密六方結晶は，fcc の {111} 面と同じ積層が，ABABABAB…のように積み重なった構造である（図 1.2）．しかし，このような積層は，例えば fcc 結晶においても，ABCACABC…や，ABCABACABC…のように乱れている場合がある．これらを積層欠陥といい，面欠陥の一種である．積層の乱れが 1 原子層限りであればこれは積層欠陥であるが，ABCACBACB…のようになれば，二つ目の A 積層を挟んで，逆の順番の積層が続くことになる．この場合，上下の結晶は鏡面対象となる．鏡面対象になった部分の結晶を双晶といい，マトリックスと双晶の間の境界が双晶境界である．図 1.16 に面心立方晶の双晶

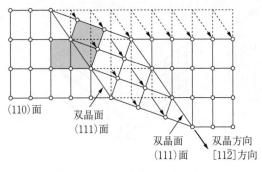

図 1.16 面心立方格子の変形双晶

表 1.3 各結晶構造における双晶面と双晶方向

結晶構造	双晶面	双晶方向
面心立方格子 (fcc)	{111}	$\langle 11\bar{2}\rangle$
最密六方格子 (hcp)	{10$\bar{1}$2}	$\langle 10\bar{1}\bar{1}\rangle$
体心立方格子 (bcc)	{112}	$\langle 11\bar{1}\rangle$

の模式図を示すが，この場合双晶面が (111)，双晶方向が [11$\bar{2}$] になっている．双晶は焼なましによっても，変形によっても生じ，前者を焼鈍双晶といい fcc 金属でよく観察され，後者を変形双晶といい bcc や hcp 金属で生じやすい．**表 1.3** に各結晶構造における双晶面と双晶方向を示す．

積層欠陥はできやすい材料とできにくい材料があり，積層欠陥エネルギーの高いアルミニウムは鉄鋼材料に比べると積層欠陥が生じにくい．積層欠陥は転位の移動の妨げになるため，高温変形においては積層欠陥が多く存在すると変形に伴う転位の集積が高まり後述する動的再結晶が起こりやすくなる．一方，積層欠陥の少ない材料では交差すべりが起きやすいため動的回復が進み動的再結晶は起こりにくい．

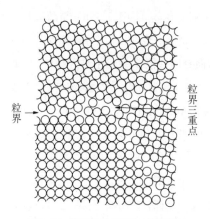

図 1.17 結晶粒界の二次元的表現

一方，粒界とは，**図 1.17** に示すように規則正しい原子配列を持った結晶どうしが隣接するときにその界面で数原子の配列が乱れることによって生じる面欠陥である．エッチングによって粒界を現出させると幅 1 μm 程度に見えるが，実際の粒界の幅はその 1 000 分の 1 程度の約 1 nm である．その数原子がランダムに乱れている粒界をラ

ンダム粒界といい，ある規則性を持つ場合は対応粒界と呼ばれる．例えば，隣接する結晶の原子が粒界線に沿って5個ごとに共有するような場合はΣ5対応粒界と呼ぶ．対応粒界はランダム粒界に比べて粒界エネルギーが低く，元素の粒界偏析が起こりにくい．双晶界面も対応方位の一種である．

なお，ほとんどすべての結晶粒はたがいにごくわずかに傾いた角度を持つ下部組織から成り立っている．この下部組織の境界は亜粒界（subgrain boundary）と呼ばれ，その傾角は数度以下である．

1.4 変形機構

金属材料の変形機構には，すべり変形，双晶変形，粒界すべりがある．大半の金属は常温ではすべりによって変形する．一方，双晶変形は積層欠陥が多くすべり変形が起きにくい材料や，パイエルス力（規則正しく並んだ結晶内を転位が動くときの抵抗）が大きくすべり抵抗が大きい低温域で起きやすい．また，粒界すべりは結晶粒界がきわめて多く存在する金属（超微細組織）で起きやすく，特に高温域で顕在化する．

1.4.1 すべり変形

結晶がすべりによって変形する場合，転位の動きが塑性変形を支配する．転位の動きの抵抗になるパイエルス応力は式 (1.1) で表される．ここで，G は剛性率，v はポアソン比，d はすべり面の面間隔，b はバーガースベクトルの大きさである．

$$\tau_P = \frac{2G}{1-v} \exp\left(-\frac{2\pi d}{(1-v)b}\right) \quad (1.1)$$

この式が示すように，大きな格子面間隔 d を持つ結晶面（すべり面）上の原子密度最大の結晶方向（すべり方向）に沿って転位が動くことですべりが生じ，材料が塑性変形する．結晶構造によりすべり系（すべり面とすべり方向の組合せ）は異なり，fcc 構造では $\{111\}\langle 1\bar{1}0\rangle$ の 12 通り，bcc 構造では $\{110\}$

⟨$\bar{1}11$⟩，{112}⟨$\bar{1}11$⟩，{123}⟨$\bar{1}11$⟩ の48通り，hcp構造では{0001}⟨$11\bar{2}0$⟩の3通りの底面すべり，{$10\bar{1}0$}⟨$11\bar{2}0$⟩の3通りの柱面すべり，そして，{$10\bar{1}1$}⟨$11\bar{2}0$⟩の6通りの錐面すべりがある．ただし，bcc構造の場合，すべり面は任意とし，すべり方向が⟨111⟩とするペンシルグライドというすべり変形を考える場合がある．

もし，転位が存在しない完全結晶の場合はすべり面上の結合のすべてをいったん切って，すべり方向にずらすことになり，きわめて大きな力が必要となる．しかし，実際の金属材料がそれよりもはるかに小さな力で塑性変形を生じ

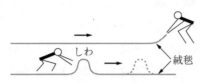

図1.18 転位の移動による変形の進行を絨毯のしわによって説明した模式図

るのは転位が存在するからである．**図1.18**に転位の移動による変形を説明するのによく用いられる模式図を示す．ここでは絨毯のしわが転位に相当する．このしわ（転位）を動かすことで絨毯は右に Δx だけ容易に移動す

る．一つの転位が表面まで動くことで得られる塑性変形は1原子間隔である．それゆえ，大きな変形を実現するには大量の転位の移動が必要となる．その大量の転位はどのようにして発生するのか．**図1.19**に転位の増殖機構を模式的に示す．最初，転位線が点AB間にあるとすると，それはすべり面に働くせん断力によって図（a）に示すように湾曲される．それは徐々に拡張して図（b）のようなループを形成し，最後に図（c）のように閉じて1原子間隔の変形を生じ，一つの転位ループを残す．この過程の繰返しによって変形が進行する．

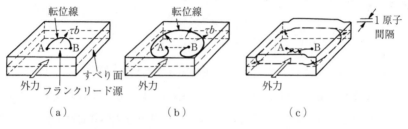

転位線は，（a），（b），（c）の順で拡張していく．
図1.19 フランクリード機構による転位の増殖

これがフランクリード機構による転位の増殖で，点 A，B をブランクリード源といい，不純物粒子，析出粒子あるいは交差する転位などがそれである．

一つのすべり面上を動いていた転位が障害により止められ，ほかのすべり面に移って移動を継続することがある．刃状転位の場合は空孔の上昇運動によりすべり面を変更でき，らせん転位は図1.20に示すように一つのすべり面からほかのすべり面に同じバーガースベクトルで移動することができる．これを交差すべりという．

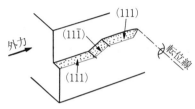

図1.20　らせん転位の移動時の交差すべりの発生

つぎに，単結晶のすべりによる変形挙動を考えてみよう．前述したようにすべりは各結晶構造で定められた特定のすべり系で起こる．図1.21は引張方向と単結晶のすべり面の関係を示す．ここで，$\cos\lambda \cos\phi$ をシュミットファクターという．どのすべり系がどの程度すべるかは明確にはわからないが，変形挙動を推測する場合は仮定をおいて計算することが多い．例えば，降伏力を考慮して，変形をもたらす力の作用線とすべり系のシュミットファクターがある大きさ（臨界値）以上のすべり系が降伏してすべるとし，そのすべり量が臨界値を差し引いたシュミットファクター値に比例すると仮定して単結晶の変形を予測することが試みられている[1]†．これを式で表すと

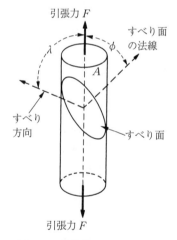

図1.21　単結晶の引張りによる分解せん断応力

$$d\gamma_n = K(\cos\lambda_n \cos\phi_n - 0.25) \quad \cos\lambda_n \cos\phi_n > 0.25$$
$$= 0 \quad \cos\lambda_n \cos\phi_n > 0.25$$

---

†　肩付き数字は，章末の引用・参考文献の番号を表す．

となる．ここで，$d\gamma$はすべり系nでのすべり量，0.25は任意で選んだシュミットファクターの臨界値，Kは比例係数である．

すべてのすべり系で求めたすべり量より当該の単結晶の変形量を算出することができる．

多結晶体に関しては，集合組織解析よりどの方位の結晶粒がどの程度存在するかを求め，各方位の変形が隣接する結晶粒に影響を与えないとして，単結晶で求めた結果を結晶の存在頻度を掛けて多結晶のすべり変形量を求めることがある．この場合，粒界における転位の集積や変形の連続性を持たせるために起こる複雑な多重すべり変形などが考慮されていないので正確さには欠けるが，r値の理論計算などにはこの手法が用いられている[1]．

また，多結晶の変形モデルについては多結晶体を構成するすべての結晶粒において応力状態が等しく，各結晶粒ではシュミット因子が最大のすべり系のみが活動して塑性変形が進行するとするサックスのモデルと，多結晶体を構成するすべての結晶粒が等しく変形し，各結晶粒では複数のすべり系が同時に活動して塑性変形が進行するとするテーラーのモデルがよく知られている．多結晶体の実際の変形挙動はこれらのモデルで算出された結果の間に位置する．

1.4.2 双晶変形

積層欠陥が多く，すべり面での転位の移動が難しい材料や，低温でパイエルス力が大きくなるbcc構造の低温変形，ならびにすべり系の少ない最密六方晶のZn，Cd，Mg，Beのような材料では，双晶を生じることで変形することがある．図1.16にその一例を示した．

最近，TWIP（twin induced plasticity）鋼と称せられる20％超のMnを加えたオーステナイト鋼が開発された．この鋼は変形の集中するくびれ部で加工誘起双晶が生じて，その部分の強度を高め，くびれの進行を抑制することですぐれた成形性を示す．ただし，双晶変形を起こすと局所的に高いひずみが生じ，材料内部に高い応力集中部が生じるために疲労強度や耐遅れ破壊性の低下の原因になることがあるので注意を要する．

1.4.3 粒界すべり

多結晶金属の高温変形では，隣接結晶粒間の粒界がすべることによって変形が進む場合がある．特に 10 μm 以下の粒径の微細結晶粒金属の高温変形ではひずみの大部分が粒界すべりによって生ずることがあり，結果として大きな変形が起こることから超塑性変形と呼ばれることがある．

材料の連続性を保つには，粒界すべりと同時に粒内のすべりによる変形も起こらなければならない．それゆえ，粒界すべりも転位が関与し，図 1.22 に示す二つの変形機構が提案されている．一つは，図（a）のように粒界すべりに伴い発生した転位は粒内転位となってすべりを生じ，その後，粒界に出て消滅するとする説であり，ほかの一つは，図（b）のように粒界近傍のいわばマントル層と粒界の間を転位が往復移動し，粒内コア部にまで転位は入り込まないとする説である．いずれの説でも熱活性化過程とみなせることから，変形応力はひずみ速度依存性を示す．結晶粒が回転したり，離れた位置の結晶粒が隣りあうようになるスイッチング現象を生じたり，また変形後粒内に転位が観察されないことから，後者の説のほうが変形現象を適切に説明しているようである．

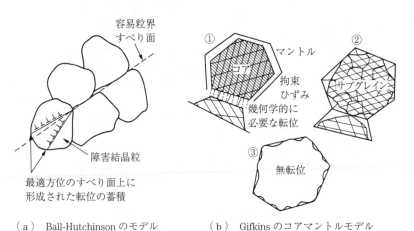

（a） Ball-Hutchinson のモデル　　（b） Gifkins のコアマントルモデル

図 1.22　粒界すべりの二つの機構

粒界すべりは，塑性加工の観点では超塑性加工を可能にする魅力のある現象であるが，一方でクリープ強度を低下させるという問題点もある．それゆえ，クリープ強度を高めるには結晶粒を粗大化して粒界すべりを抑制することが効果的でタービンのブレイドなど，厳しいクリープ条件で使用される材料はなるべく粒界を少なくするために，一方向凝固や単結晶化が進められている．

1.4.4 変形組織

図 1.23 は加工に伴う材料の変形下部組織の変化を模式的に示す．材料は不均一に変形し，結晶粒界近傍では隣接粒との間に重なりや空洞が生じないように多重すべりが起こり，粒内とは異なる結晶回転が起こる．また，粒内にも局所的に大きな変形が起こる変形帯やせん断帯などが形成されることがある．転位下部組織を観察すると加工に伴いセル構造が形成され，その大きさは加工度の増加に伴って小さくなる．

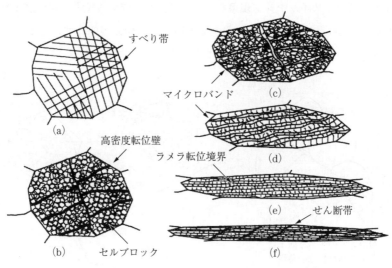

図 1.23　加工を受けた材料の変形下部組織の模式図[2)]

1.5 状　態　図

　状態図の意味と見方について簡単に述べる．**図1.24**は鉄-炭素の平衡状態図[3]である．「平衡」というのはエネルギー的に一番安定な状態を意味し，高温では十分な時間があれば最終的にこの状態に達成するが，低温域ではいくら時間をかけてもこの状態に達成しないこともある．図中でγと記載された領域では炭素は面心立方晶の鉄に固溶した状態がエネルギー的に最も安定していることを示す．状態図の熱力学ではこのエネルギーにギブス（Gibbs）の自由エネルギー $G=H-TS$ が用いられる．Hはエンタルピー，Tは絶対温度，Sはエントロピーである．エンタルピーは隣接する原子との結合エネルギーを意味

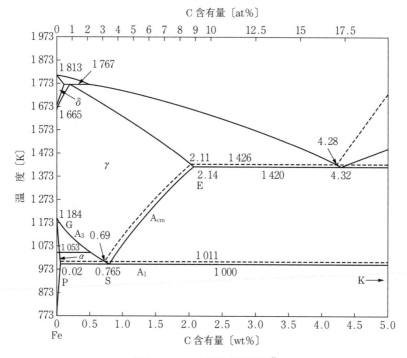

図1.24　Fe-C系複平衡状態図[3]

し,エントロピーは原子の配列状態に依存するエネルギー状態を表している†.

物質の自由エネルギーは温度,圧力,組成によって決まるが,金属の平衡状態図は一般に圧力を大気圧として求められている.この自由エネルギーの定式化は本書の範囲を逸脱するので,専門書を参照されたい[4].

図1.24に戻って低炭素域で平衡状態について説明する.**図1.25**は温度T_1,T_2における自由エネルギー-組成図を示す.αならびにγの自由エネルギーは炭素量により変化し,ある炭素量で最小値を示す.温度T_1ではC濃度に関わらずγのほうが低い自由エネルギーを示すので,安定相はγになる.一方,T_2では,αとγの自由エネルギー曲線に共通接線を引くことができる.この共通接線と自由エネルギー曲線の接点のC濃度をC_α,C_γとすると,C_α,C_γに挟まれた炭素濃度Cの鋼はαやγの単相で存在するより,C_αを含有するαとC_γを含有するγが$(C_\gamma-C)/(C_\gamma-C_\alpha):(C-C_\alpha)/(C_\gamma-C_\alpha)$の比率で共存するほうが低い自由エネルギー状態になることがわかる.この比率の決め方をてこの法則という.

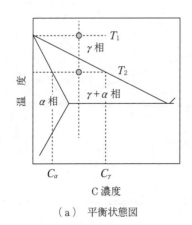 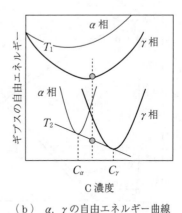

(a) 平衡状態図　　　　(b) α,γの自由エネルギー曲線

図1.25 低炭素域での平衡状態図とα,γの自由エネルギー曲線

---

† 比喩的ではあるが,わかりやすくいうと構造が男子と女子という原子で成り立っていると仮定したとき,隣にどちらの性の人が居るかで感じる居心地感(エネルギー状態)がエンタルピーであり,教室で男女が交互に座った場合や男女が別々に集団を作って座った場合に感じる教室の居心地感の指標がエントロピーである.

1.5 状態図

もう一度，図1.24の鉄-炭素平衡状態図に戻る．727℃以下での平衡組成はαとセメンタイト（Fe_3C）の二相組織になる．セメンタイトの生成状態は冷却速度などに影響され，その状態はCCT（連続冷却変態曲線，等速冷却をしたときの組織変化を表す）や，TTT（恒温変態曲線，所定の温度に急冷したあとの等温での組織変化を表す）図に見ることができる．**図1.26**，**図1.27**その一例を示す．1.7節の変態のところで詳しく述べるが，セメンタイトの析出形態の違いでパーライト，ベイナイトなどの異なった変態組織が生じる．CCT，TTTはこれらの組織がどのような冷却・時効条件で生成するかを示している．

つぎに三元合金の状態図について述べる．三元系では自由エネルギー曲線は自由エネルギー曲面として表される．二つの相の曲面に接する平面を回して，その接点の軌道を底面に投影したものが**図1.28**である．図中の直線群は共役線（タイライン）と呼ばれ，二元系での共通接線に対応し，γ/α二相界面での各相の平衡組成を示す．

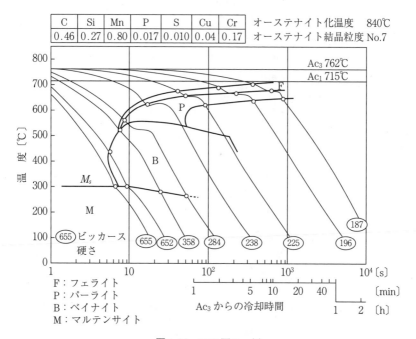

図1.26 CCT図の一例

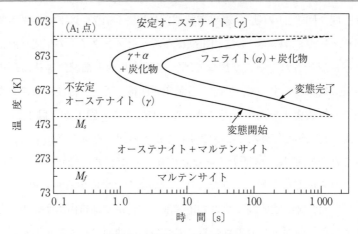

図 1.27 共析鋼の恒温変態曲線

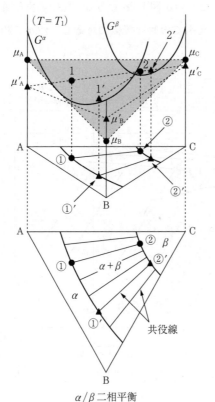

図 1.28 三元系状態図の α/γ 二相平衡[4]

1.6 拡　　　散

　材料は組織を制御することで，必要な特性を作り込むことができる．この組織制御には後述する変態，析出，回復・再結晶が大きな役割を果たす．これらの挙動を理解するには拡散の概念を理解することが不可欠である．拡散とは，系のエネルギー状態を下げるために原子が移動する熱的活性化現象である．例えば，水が低きに流れるように，金属中に溶質元素の濃度の高低があると平準化しようと溶質元素は熱の力を借りて拡散する．

　金属溶媒の結晶内を溶質元素が拡散する場合，置換型元素の場合は**図1.29**（a）に示すように，溶媒金属中に存在する原子空孔との位置交換によって溶質元素の移動が可能になる．これを空孔機構による拡散という．金属中に安定して存在する空孔濃度は温度が高くなるほど多くなり，溶質元素との位置交換の容易さも増すので，拡散の速度は高温になるほど速くなる．

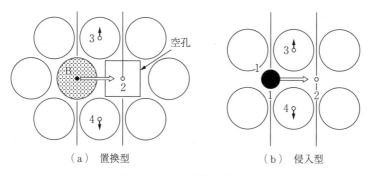

図1.29　元素の拡散の模式図

　一方，溶質元素が鉄中のCのような侵入型元素の場合は図（b）に示すように，空いている隣接の格子間位置に比較的容易に移動できるため，侵入型元素の拡散は置換型元素より数オーダー速い．

1.6.1 フィックの法則

拡散現象を定式化したのがフィック（Fick）の法則である．式 (1.2) はフィックの第一法則と呼ばれ，拡散により x 方向に移動する溶質元素 A の量は濃度 C_A の勾配に比例することを表している．

$$j_A = -D_A \frac{dC_A}{dx} \tag{1.2}$$

この式の比例係数 D を拡散係数と呼び，$D = D_0 \exp(-Q/RT)$ のように温度の関数で表される．D_0 および拡散の活性化エネルギー Q（拡散を起こすために乗り越えなければならないエネルギーの山の高さ）は実験より求められている．ここで，R はガス定数である．侵入型元素の拡散の活性化エネルギーは空孔の存在確立に比べて隣接する格子間は100％の確率で存在し，容易に活性化の山を乗り切れるので，空孔機構の拡散の活性化エネルギーの約半分程度である．

時間とともにある地点の溶質元素濃度が変化する状態は式 (1.3) を解くことで求めることができる．これをフィックの第二法則という．

$$\frac{dC_A}{dt} = -D_A \frac{d^2 C_A}{dx^2} \tag{1.3}$$

1.6.2 高速拡散

いままで述べてきた拡散は体拡散と称される拡散であるが，材料内には転位や粒界などの結晶の配列が乱れた領域が存在し，そのような領域では原子の移動は空孔機構による拡散より速く，拡散係数が数桁大きくなることが知られている．転位に沿う拡散をパイプ拡散と呼び，粒界内の拡散を粒界拡散という．粒界拡散の活性化エネルギーは体拡散の活性化エネルギーのおよそ半分の値を示す．すなわち，温度依存性は体拡散に比べると小さい．このことは低温になるとますます粒界拡散の優位性が顕在化することを意味する．

1.7 相変態

図1.26, 図1.27に示したように冷却速度あるいは保持時間により鉄鋼材料の組織は変化する．そのように相が変化することを相変態という．表1.4に相変態の分類を示す．この中でおもな実用材料の組織制御で重要な役割を果たす変態が核生成・成長型の拡散変態と無拡散変態である．拡散変態とは原子の拡散に伴って起こる変態をいう．以下に，これらの変態について説明する．

表1.4 相変態の分類

均一変態	スピノーダル分解	
	規則・不規則変態	
不均一変態 (核生成-成長型)	拡散変態	マッシブ変態
		フェライト，パーライト変態
		析出
	無拡散変態	マルテンサイト変態

1.7.1 核生成・成長型の拡散変態

この種の拡散変態では，構造や組成のゆらぎにより変態相の胚(embryo)ができる過程で，最初は自由エネルギーが増加するが，ある臨界の大きさを超えると成長に伴って自由エネルギーは単調に低下する核生成過程がある．この臨界の大きさを持つ胚を核という．図1.30は半径 r の胚が成長して r_c の核になり，その核が成長していくときの自由エネルギーの変化を示す．

この曲線は変態に伴う相の変化が

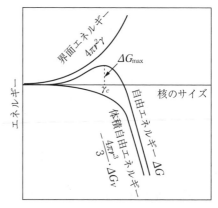

図1.30 核生成時の胚の大きさに伴う系の自由エネルギー変化

生み出す体積自由エネルギーの変化 $-4\pi r^3 \Delta G_v/3$ と変態相と母相の界面が持つ自由エネルギー $4\pi r^2 \gamma$ の和を表している．式 (1.4) はそれを定式化したものである．

$$\Delta G = -\frac{4\pi r^3}{3} \cdot \Delta G_v + 4\pi r^2 \gamma \tag{1.4}$$

この自由エネルギー曲線の最大値を核生成の活性化エネルギー $\Delta G_{max} = 16\pi\gamma^3/(3\Delta G_v^2)$ と呼び，そのときの r が臨界核半径 $r_c = 2\gamma/\Delta G_v$ である．ここで，γ は界面エネルギー，ΔG_v は母相と新相の自由エネルギー差で，核生成の駆動力と称され，**図 1.31** に示す ΔG_{nuc} 値を持つ．これは変態相組成のゆらぎで最も大きな駆動力を持つ組成 c_{nuc} の変態相が核として生じると仮定するためである．すなわち，核の組成は図で示した共通接線によって求めた平衡組成 c_α とは異なる．

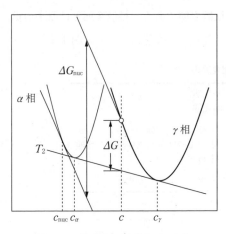

図1.31 核生成の駆動力 ΔG_{nuc} と変態の駆動力 ΔG

核生成の活性化エネルギーが小さいほど核生成はしやすくなるので，母相との界面エネルギーが低くなるように母相と特定の方位関係を持った変態相が生成することが多い．特に，低温変態相ではその傾向が強い．よく知られる方位関係として Kurdjumov-Sachs（K-S）と Nishiyama-Wassermann（N-W）の関係がある．また，すでに界面が存在するところに析出すると見掛けの界面エネルギーが小さくなるので，粒界や介在物上で変態が優先的に起こる．

$(111)_{fcc}//(011)_{bcc}$，　$[0\bar{1}1]_{fcc}//[1\bar{1}1]_{bcc}\cdots$　K-S の関係

$(111)_{fcc}//(011)_{bcc}$，　$[\bar{1}01]_{fcc}//[001]_{bcc}\cdots$　N-W の関係

単位時間に生じる核の数（核生成速度 J_s）は古典的核生成理論に基づく式 (1.5) で求めることができる．

$$J_s = N_V \beta Z \exp\left(\frac{-\Delta G_{max}}{kT}\right) \tag{1.5}$$

ここで，N_V は単位体積当りの核生成サイト密度，β は臨界核に新たに原子が一つ付着する頻度を表す．したがって，溶質原子の拡散が関係する．Z はゼルドビッチ（Zeldovich）因子と呼ばれ，臨界核の分布が定常状態と平衡状態で異なることを補正する係数である．

つぎに，核生成後の成長をCの拡散が変態を支配するフェライト変態を例に説明する．核生成直後は核の組成は平衡組成とは異なると述べたが，生成後はすぐに平衡組成に近づくと考えられるので，成長を考える場合，母相と新相のCの濃度分布は**図 1.32** のようになる．$c_\alpha^{\alpha\gamma}$，$c_\gamma^{\gamma\alpha}$ は，α/γ 界面での各相のC濃度である．c_α は α 相の c_γ は γ 相中の濃度である．フェライト中の拡散は速いため，$c_\alpha^{\alpha\gamma}$ は c_α として扱われることが多い．$c_\gamma^{\gamma\alpha}$ は新相の存在が起因する圧力エネルギー，界面移動に必要なエ

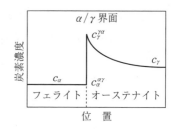

図 1.32 α，γ 境界相でのCの濃度分布

ネルギー消費，界面移動時の第三元素の引きずり力（solute drag）などを考慮することで γ 相の平衡濃度とは異なる．$c_\gamma^{\gamma\alpha}$ の求め方は文献を参照されたい[5]．

α/γ 界面の移動速度 v は，式 (1.6) のマスバランスの式から求められる．

$$\left(c_\gamma^{\gamma\alpha} - c_\alpha^{\alpha\gamma}\right)v = D_\gamma \frac{\partial c}{\partial x} \tag{1.6}$$

界面での濃度勾配 $\partial c/\partial x$ はフィックの第二法則を用い，界面 $x=0$ のときの境界条件に $c_\gamma^{\gamma\alpha}$ を用い，オーステナイト粒の中心ではCの流入，流出がないという境界条件で濃度分布を求め，界面濃度を x で微分することで得られるが，計算の簡易化を図るためにツェナー（Zener）が提案した線形勾配近似[6] が用いられることがある．

核生成-成長型で相変態が起こる場合，もし核生成速度ならびに半径方向の成長速度が時間によらず一定と仮定すると生成した新相がたがいにぶつかり合

わなければ，その体積増加 Y は式 (1.7) によって表すことができる．

$$Y = \frac{4}{3}\pi J_s v^3 \int_0^t (t-\tau)^4 d\tau = \frac{\pi}{3} J_s v^3 t^4 \tag{1.7}$$

しかし，実際は変態の後半で新相がたがいにぶつかり合って成長は止まる．この場合の変態率 X は式 (1.8) で表すことができる．

$$X = 1 - \exp(-Y) = 1 - \exp\left(-\frac{\pi}{3} J_s v^3 t^4\right) \tag{1.8}$$

この式は Kolomogorov-Johnson-Mehl-Avrami（KJMA）式と呼ばれている．また，より一般化した変態率の式は式 (1.9) で表され，K は温度，核生成サイト数，溶質元素の拡散速度など核生成・成長速度に関わる多くの因子に依存し，n は核生成のサイトや成長方向の次元数などによって異なり，1～4の値を持つ．

$$X = 1 - \exp(-Kt^n) \tag{1.9}$$

1.7.2 純金属の変態

図 1.32 で取り扱った拡散変態は母相と変態相で固溶限の異なる溶質元素が拡散することで変態が進む場合であった．例えば，Fe-C 二元系合金のフェライト変態などがその一例である．一方，純鉄の変態のように溶質元素が関与せず，溶媒元素の界面での短距離拡散で変態が進行する場合は変態界面の移動速度 v は式 (1.10) で表すことができる．

$$v = M\left(\frac{\Delta G}{V_m}\right) \tag{1.10}$$

ここで，M は界面の易動度（mobility），ΔG は新相と母相の自由エネルギー差，V_m はモル体積を意味する．易動度は温度の関数で $M \sim \exp(-Q/RT)$ として表される．ここで，Q は界面移動の活性化エネルギーであり，粒界拡散の活性化エネルギーに近い値を持つ．

1.7.3 鋼の変態

最も身近な材料である鋼の変態について述べる．鉄は，図 1.33 に示す自由

1.7 相変態

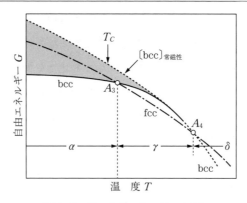

図 1.33 鉄の自由エネルギー曲線[4)]

エネルギー曲線で示すように，磁性の影響により低温域で構造が粗な bcc が密な fcc より安定になるという特異性を有する（一般の材料は温度が低くなると密な構造に変態する）．この特異性に基づく変態により鋼は広範囲な特性を創り出すことができる．図 1.26 に示した CCT に示すように，冷却速度の制御によってフェライト，パーライト，ベイナイト，マルテンサイトという変態組織が形成される．それぞれの組織と変態挙動について簡単に述べる．

〔1〕 フェライト変態

フェライトとは，溶質元素を固溶した bcc 構造の相である．フェライト変態とは，オーステナイトからフェライトを生じる核生成・成長型の拡散変態で溶質元素の拡散が律速する場合は 1.7.1 項で述べたメカニズムで変態する．形態は過冷度が大きくなるに従って針状になり，このような針状フェライトはアシキュラーあるいはウィドマンステッテンフェライトと呼ばれる．フェライトの強度は変態温度が低いほど高くなる．これは結晶粒が微細化するとともに残留する変態転位が高くなるためである．フェライトは通常オーステナイト粒界から核生成するが，オーステナイト粒が未再結晶状態で粒内に高エネルギーの変形帯などが存在するとそこでも核生成が起こり，フェライト組織が微細化する．熱間圧延で再結晶を繰り返すことでオーステナイト組織を微細にし，仕上圧延の後段で未再結晶圧延を行い，粒内にフェライトの核生成サイトを大量に

導入したのが制御圧延と呼ばれる組織微細化法の原理である．

一方，組織の微細化に塑性変形が利用できない溶接時の変態では高温にさらされ，粗大化したオーステナイト粒内に適切な酸化物や析出物を分散させ，それを核にしてフェライト組織を微細にする技術が開発されている．これはオキサイトメタラジーと呼ばれ，溶接部の靱性向上を実現している[7]．

〔2〕 パーライト変態

パーライトはフェライトとセメンタイトが層状に並ぶ特徴的な組織を呈する．フェライトとセメンタイトの各1相を足した幅をラメラー間隔という．

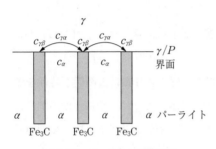

図 1.34 パーライト変態機構

パーライト変態も核生成・成長型の拡散変態であるが，図 1.34 に示すようにオーステナイト中の C がフェライトとセメンタイトに分配されながら変態が進むため，フェライト変態のようにオーステナイトへの C の濃化は起こらない．そのため，等温では一定速度で界面は移動する．

パーライト変態は A_{e3} 線（オーステナイト単相とフェライト・オーステナイトの二相域の境界線）の延長と A_{cm} 線（オーステナイト単相とセメンタイト・オーステナイトの二相域の境界線）の延長に囲まれた領域に冷却されると起こる．例えば，C 量が C_0 のオーステナイトが A_{e3} 温度以下に冷却されるとフェライトが生成し，冷却に伴いフェライト変態が進行してオーステナイト中の C 濃度が増加し，C-温度曲線が A_{cm} 線の延長に達するとパーライト変態が起こる（9.1 節の図 9.4 を参照）．

パーライトの強度は，ラメラー間隔が狭いほど高くなることが知られている．パーライト変態時にラメラー間隔を狭くするには過冷度を大きくとることが有効である．ラメラー間隔に及ぼす合金元素の影響としてオーステナイト安定元素の Ni, Mn は間隔を広くし，フェライト安定元素である Si, Mo などは狭くする．ラメラー間隔を狭くするほかの方法として線引きがある．鋼で最も

強度が高い材料は伸線加工された共析鋼でその強度は4GPaに達している.

〔3〕 ベイナイト変態

ベイナイトは,図1.35に模式的に示すようにフェライト中にセメンタイトが微細析出した組織である.ベイナイト変態のメカニズムについては,拡散型変態説と核生成は拡散が関与するが変態自体はせん断変形によって起きるとされるせん断型変態説があるが,定説には至っていない.ベイナイトは,上部ベイナイトと下部ベイナイトに大別できる.図1.35にせん断型変態説によるベイナイトの生成を模式的に示す[8].Cが過飽和状態のラス(微細なフェライト)が変態で生じたと考えた場合,拡散が速い高温域ではCは生成したラス界面まで拡散して,オーステナイトに濃化し,そこでセメンタイトが析出する形態を示す.これが上部ベイナイトである.一方,拡散速度が小さい低温域では粒界にCが拡散する前にラス中で微細セメンタイトが析出して下部ベイナイトの特徴を示す組織となる.上部ベイナイトは生成するセメンタイトが大きいため,それが破壊の起点となり靭性が低い.高靭性化にはセメンタイトが微細分散した下部ベイナイト組織が好ましい.

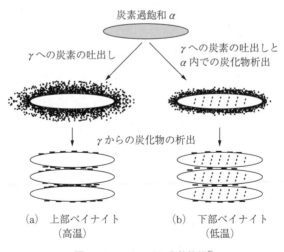

図1.35 ベイナイト変態機構[8]

〔4〕 マルテンサイト変態

マルテンサイト変態は核生成に関しても拡散が関与しない無拡散のせん断機構による変態であり，組成の変化がない．ここでは主として鉄鋼材料のマルテンサイト変態ついて述べる．冷却によりマルテンサイト変態が開始する温度を M_s 点，終了する温度を M_f 点と呼ぶ．M_s 点は通常，式 (1.11) に例を示す実験式のように合金の化学組成 (mass%) によって定まり，冷却速度にほとんど依存しない．

$$M_s [℃] = 539 - 423C - 30.4Mn - 12.1Cr - 17.7Ni - 7.5Mo \quad (1.11)$$

鋼のマルテンサイト変態率は M_s 点からの過冷度 (M_s-T) でほぼ決まり，次式で表すことができる[9]．

$$f = 1 - \exp\{-0.011(M_s - T)\} \quad (1.12)$$

マルテンサイト変態はせん断変態のため，外部よりせん断力を加えると変態は助長される．せん断温度が M_s 点より高いか，低いかにより，これを加工誘起あるいは加工促進マルテンサイト変態と呼ぶ．

マルテンサイト変態は核生成-成長という形を取らず，ある大きさのマルテンサイト晶が温度の低下に伴い順次形成されて変態率を増していくだけで，生成したマルテンサイト晶が成長することはない．

焼入れ性の評価方法としてはジョミニー試験がよく知られている．この試験は，直径 25 mm×長さ 100 mm の試料をオーステナイト化温度まで加熱し，一方の端部を決められた条件で冷却し，その後，端部から間隔をおきながら硬さを測定して，その硬さの分布から焼入れ性を評価する．すなわち，これはCCT図の各冷速における硬さ測定にほかならない．焼入れ性の良い材料はCCTが右側に移動し，臨界冷速が遅くなる．

マルテンサイトには過飽和な C が大量に固溶しているために結晶構造は bcc からずれ，bct と称される構造を呈する．

図 1.36 にマルテンサイト変態による結晶構造の変化を模式的に示す．fcc の結晶格子が特定の結晶方位関係をもって bct 構造に変化する．この図で示した方位関係は，ベインの方位関係 $(001)_\gamma /\!/ (001)_\alpha$, $[100]_\gamma /\!/ [110]_\alpha$ といい，マルテ

ンサイトがオーステナイトと特定の方位関係を持つことをわかりやすく示すために用いられることが多いが，実際の鉄のマルテンサイト変態では K-S,N-W の方位関係が成り立つことが多い．

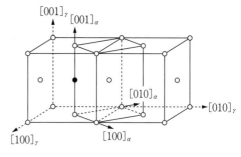

図 1.36 マルテンサイト変態による結晶構造の変化

臨界冷速以上で冷却されても M_s 点以下の冷速が遅いとマルテンサイト中に鉄炭化物が析出する．これをオートテンパリングといい，水冷材に比べると軟化がみられる．油冷材が臨界冷速（100％マルテンサイト組織になる冷速）を満足しているにもかかわらず水冷材より硬さが低いのはこの現象による．

鉄炭化物の生成が見られないマルテンサイト鋼の硬さは，**図 1.37** のようにC量によって決まる．C量がある量以上になると硬さの増加が鈍化あるいは低下することがある．これはC量の増加に伴ってオーステナイトが安定化し，変態後にもオーステナイトが残存するためである．この残留オーステナイトを消滅させるために，M_f 点以下の温度に冷却することをサブゼロ処理という．この処理により，残留オーステナイトがマルテンサイトになり斜線の硬さ低下がなくなる．また，マルテンサイトの形態は低炭素鋼ではラス状マルテ

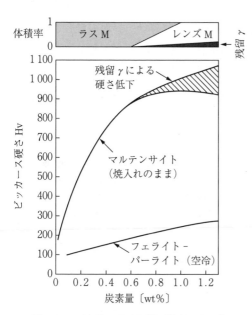

図 1.37 マルテンサイト鋼の強度に及ぼすC量の影響[10]

ンサイトを示し，高炭素鋼ではレンズ状マルテンサイトを示す．鋼のマルテンサイトが高い強度を示すのは C の固溶強化，微細組織による粒界強化，変態転位による転位強化の複合効果による．

1.8 析　　出

析出も変態の一種で母相から第二相が生成する過程で，通常は 1.7.1 項で取り扱った核生成・成長で起こる（まれに濃度のゆらぎによって二相に分離して起こる析出がある．これをスピノーダル分解という）．析出物は転位上で核生成することが多いので，式 (1.5) の核生成頻度の式に核生成サイト密度として転位密度を入れることが多い．成長は拡散速度の遅い元素の拡散によって律速される．

析出物は核生成時に母相との界面エネルギーをなるべく低い状態にしようとして整合界面を形成すると，**図 1.38** に示すように析出物近傍には整合ひずみによる応力場が生じる．しかし，析出物の成長に伴い，界面の整合性は崩され，**図 1.39** に示すように界面に転位が生じ，部分整合界面となり，徐々に非整合界面へと移行し，整合ひずみ場も消滅する．2.2.2 項の析出強化のところで詳細に述べるが，整合な微細析出物を大量に生成させることで高い析出強化を実現することができる．

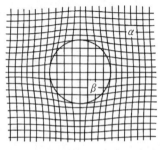

図 1.38 整合界面を持った析出物近傍のひずみ場

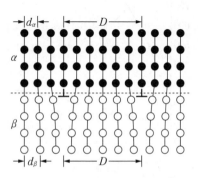

図 1.39 部分整合界面の模式図[2]

すでに存在する界面に析出することで,析出物が生成するときに生じる界面エネルギーの低減を図ることができる.それゆえ,析出物は粒界,転位上,すでに存在する異種類の析出物や介在物上に析出する.析出を促進させたい場合,これらの優先核生成サイトを数多く提供することが有効である.よく知られる例が加工促進析出で加工によって転位密度を高めることで,析出が促進される.

図 1.40 は溶媒元素 A と析出物形成元素 B, C の母相と析出物の自由エネルギー曲面を示す.この曲面に接する平面の接点を底面に投影した曲線が析出物

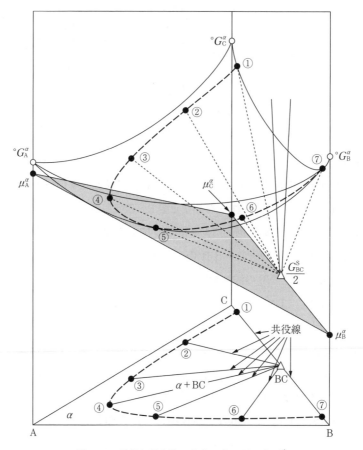

図 1.40　母相と析出物の自由エネルギー曲面[4]

の固溶限界を示す．曲線の内側（析出物側）では析出物が生成し，外側では固溶する．この曲線は熱力学的に式 (1.13) で近似的に表すことができ，これを溶解度積という．ここで，X, Y は元素 B，C の固溶量を mass% で示す．

$$\log_{10}(X\,[\text{mass\%}] \times Y\,[\text{mass\%}]) = C1/T + C2 \tag{1.13}$$

また，定数 $C1$, $C2$ は実験によって求められている．**表1.5** に鉄鋼材料のおもな析出物の $C1$, $C2$ の値を示す．

表1.5　溶解度積の係数

炭窒化物相	α (bcc) 相		γ (fcc) 相	
	$C1$	$C2$	$C1$	$C2$
AlN	$-8\,296$	1.69	$-7\,400$	1.95
BN	$-13\,680$	4.63	$-13\,970$	5.24
NbC	$-10\,960$	5.43	$-7\,970$	3.31
NbN	$-12\,230$	4.96	$-10\,150$	3.79
TiC	$-12\,404$	4.75	$-10\,475$	5.33
TiN	$-16\,193$	4.72	$-16\,193$	4.72
VC	$-6\,080$	2.72	$-6\,251$	5.41
VN	$-5\,250$	0.12	$-8\,717$	5.64

これらの式の X, Y に元素 B，C の添加量を入れて温度 T を求めると析出物が完全固溶する温度が算出できる．また，析出物構成元素の原子比の式と式 (1.13) に T を代入して得られる式より元素 B，C の温度 T における固溶量 X, Y を求めることができる．例えば，γ 相中の NbC では $93/12 = (X_0 - X)/(Y_0 - Y)$ と $\log_{10}(X \cdot Y) = -7\,970/T + 3.31$ の二つの式より X, Y を求めることができる．X_0, Y_0 は C と Nb の添加量である．

表1.5 には TiC，TiN，NbC，NbN などが個別に与えられているが，これらの元素が複合して添加されると (Ti, Nb)(C, N) という複合析出物が生成し，表1.5 が適用できなくなり，添加量によっては Ti の比率が大きい析出物と Nb の比率が大きい析出物の二相に分離して析出することがある．このような複合析出物が生成するのは，析出物が同じ結晶構造を持つためで，AlN のような結晶構造の異なる析出物は Ti，Nb などが存在しても単独に析出する．

1.9 回復・再結晶・粒成長

　回復・再結晶とは，塑性変形によって材料の内部に導入された空孔や転位などの欠陥が熱エネルギーの助けを借りて，消滅していく現象である．加工に伴い増殖する格子欠陥の大半は転位である．できるだけ低エネルギー状態をとろうと転位は加工度が大きくなるとセル構造を形成する．加工組織に熱を加えると，まず金属結晶内の過剰空孔が消滅し，つぎにセル内ならびにセル壁中の異符号どうしの転位が消滅することによりサブグレイン（subgrain）構造が形成される．この変化を回復という．**図1.41**にそれらの構造の模式図を示す．さらに温度を上げていくとひずみのない新しい結晶粒が加工組織内で生成し，成長して全面を覆うようになる．この現象が再結晶である．再結晶完了後さらに加熱を続けると結晶粒はしだいに成長し，粗大化していく．この成長の駆動力は結晶粒界エネルギーで，粒界面積を少なくするように働く．

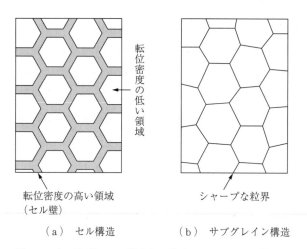

（a）セル構造　　　　（b）サブグレイン構造

図1.41　加工組織のセル構造と回復時のサブグレイン構造の模式図[2)]

　再結晶は加工組織に形成されたセルが回復過程でサブグレイン化し，そのサブグレインの中で，ある条件を満足したサブグレインが異常粒成長することで

起こる.すなわち,再結晶は変態のようにまったく新しい結晶粒が核生成して,それが成長するのではなく,存在するサブグレインの中からある条件を満足した結晶粒が成長すると考えられている(**図1.42**).

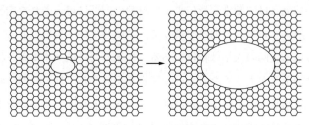

図1.42 再結晶粒の生成[11]

この再結晶粒の成長速度は式(1.14)で示すように易動度Mと{ }で示した駆動力の積で表すことができる[11].

$$\frac{dr}{dt} = AM\left\{\left[\frac{\bar{\gamma}}{r_c} - \frac{\gamma}{r}\right] - \frac{3F_v\gamma}{d}\right\} \tag{1.14}$$

これは1.7.2項の純金属の変態の成長速度の式と基本式は同じで,駆動力の項だけが異なる.ここで,rは再結晶粒(異常粒成長をしているサブグレイン)の半径,r_cは周囲のサブグレインの平均半径,Aは定数,Mは界面の易動度$M = M_0 \exp(-Q_M/RT)$で表され,γは異常粒成長をしているサブグレインの界面エネルギー,$\bar{\gamma}$は周囲のサブグレインの界面エネルギー,F_vは析出物の分率,dは析出物の大きさ,γ_pは析出物の界面エネルギーを意味する.

界面の移動は粒界内での原子の移動が支配するため,易動度Mは粒界拡散が支配的に関与するため,熱的活性エネルギーQ_Mは粒界拡散の熱的活性化エネルギーに近い値を持つ.右辺の第1項は再結晶粒界とサブグレイン粒界の粒界エネルギーの違いに基づく粒界移動の駆動力,第2項は析出物が存在することで生じる粒界移動の抵抗力を表している.サブグレイン内の転位密度は小さいので,転位密度差による駆動力は無視されることが多い.

式(1.15)は再結晶粒の周りに存在するサブグレインの平均成長速度を示す式である.この成長を異常粒成長に対して通常粒成長といい,再結晶後や変態

後の粒成長はこの式に従って成長する．ちなみに電磁鋼板の二次再結晶時に起こる異常粒成長の成長速度は式 (1.14) で表すことができる．

$$\frac{dr_c}{dt} = A\overline{M}\gamma\left(\frac{1}{4r_c} - \frac{3F_v}{d}\right) \tag{1.15}$$

再結晶が起こる条件は異常粒成長粒の成長速度が通常粒成長粒の成長速度より大きくなるという条件が満たされる式 (1.16) が成り立つときである．

$$\frac{d}{dt}\left(\frac{r}{r_c}\right) = \frac{1}{r_c^2}\left(r_c\frac{dr}{dt} - r\frac{dr_c}{dt}\right) > 0 \tag{1.16}$$

再結晶の進行は温度，加工組織の状態，不純物の種類と量などに影響される．これを式 (1.14) で説明すると温度の効果は易動度 M が $M_0\exp(-Q_M/RT)$ として表されるので，温度が高くなるほど界面が動きやすくなることで考慮される．加工組織の影響は加工度が大きくなるとサブグレインが小さくなり，式 (1.14) の第1項が大きくなることで考慮される．

不純物元素の影響はその元素が析出物を形成する場合は式 (1.14) の第2項に見られるように再結晶を遅延する．粒界に偏析して粒界移動に対して抵抗力になる solute drag 効果が起きる場合は solute drag 力を式 (1.14) の右辺に加えて考慮することができる．solute drag 力は偏析量が多いほど大きくなるが，粒界の移動速度の関数となり，複雑な挙動を示す[12]．また，solute drag 力が界面の移動速度と線形の関係がある場合は式を変形して M の中に入れて考慮することができる[12]．

図 1.43 に示すように加工組織自体が不均一組織であるため，再結晶の進行も不均一に起こり，結晶粒界近傍や変形帯部が再結晶の起こる優先サイトになる．また，加工粒の方位によっても再結晶のしやすさが異なり，粒内で多重すべりが頻繁に起こり細かく，方位差が大きいセルを形成した加工粒は再結晶が起きやすい．一方，bcc の {100}〈110〉方位の粒のように少ないすべり系の活動で発生する転位密度が低い粒は形成されるサブグレインも大きく再結晶が起きにくい．これらの粒は図 1.44 に見られるように隣接粒から生じた再結晶粒に蚕食される形で再結晶が進む[13]．

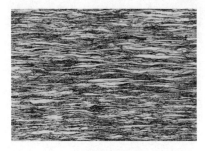 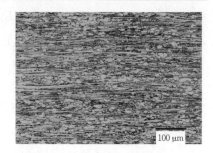

（a）加工組織　　　　　　　　（b）部分再結晶組織

図1.43 加工組織と部分再結晶組織の一例

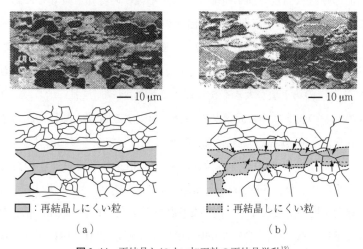

図1.44 再結晶しにくい加工粒の再結晶挙動[13]

　変形によって結晶は回転し特定な安定方位に変化して，変形集合組織を形成する．その中で圧延により形成される集合組織を圧延集合組織と呼ぶ．再結晶粒に成長するサブグレインは周囲のサブグレインに対して傾角が大きいので，再結晶によって形成される再結晶集合組織は一般に変形集合組織と大きく異なる．再結晶集合組織の形成は成分，加工度，加熱条件などに影響される．高圧下率圧延された鋼板では $\{100\}\langle 110\rangle \sim \{111\}\langle 110\rangle$（$\alpha$ 繊維方位群）に強い集積を持つ圧延集合組織が形成される．この方位に対して易動度の大きい方位が $\{111\}\langle 110\rangle \sim \{111\}\langle 112\rangle$（$\gamma$ 繊維方位群）であるため，適切な成分設計をし

た強圧下材の再結晶集合組織は深絞り性に好ましいこの γ 繊維方位群が優先的に形成される．

以上，説明してきた再結晶機構は加工度がある程度大きい材料で起こる再結晶に関するものである．加工度が小さい場合は**図 1.45** に模式的に示すようにバルジング機構という異なった機構で再結晶が進行する．これは加工に

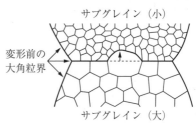

図 1.45 再結晶のバルジング機構[2]

よって導入された転位の密度が低い加工粒の粒界近傍のサブグレインが転位密度の高い隣接粒のサブグレインを蚕食する現象である．この場合，ひずみの入りにくい {100} 方位の粒が再結晶粒になりやすいため，再結晶集合組織は {100} に強い集積を持つことが多い．

つぎに，再結晶率の時間変化について述べる．再結晶率の時間変化は式 (1.17) で表すことが多い．ここで，X は再結晶率，k は温度，初期組織，加工度などの関数であり，n は実験結果との合せ込み定数である．

$$X = 1 - \exp(-kt^n) \tag{1.17}$$

以上，冷間圧延材の再結晶焼鈍時の回復・再結晶挙動について述べたが，つぎに熱間再結晶挙動について述べる．

熱間加工後に起こる再結晶（静的再結晶）の機構も上述の加工組織からの再結晶と同じように説明できる．異なる点は，加工により導入された転位が高温状態であるため加工中ならびに加工後に回復が起こり，図 1.41 に示したシャープなサブグレイン組織が加工工程で形成されることである．ここで，加工中に起こる回復を動的回復，加工後に起こる回復を静的回復と区別するのが一般的である．

一方，再結晶についても同様に加工中に起こる再結晶を動的再結晶といい，加工後に起こる再結晶である静的再結晶と区別する．炭素鋼のオーステナイトの動的再結晶のメカニズムについては加工中のダイナミックな組織変化の観察が難しいため，まだ十分に解明されていないが，オーステナイト系ステンレス

鋼の熱間加工での動的再結晶はバルジング機構で起こる可能性を示唆する観察結果が得られている．

また，動的再結晶は再結晶が粒界を起点にネックレス状に起こるという特徴が報告されている．これは粒界近傍で再結晶がまず起こり，加工の進行に従い，未再結晶組織と最初に再結晶した粒の粒界近傍でつぎの再結晶が起こるためと推測されている[14]．

動的再結晶は加工温度や初期粒径に依存したある臨界のひずみ量が加えられると起こる．動的再結晶が起こったときの応力-ひずみ曲線の一例を**図1.46**に示す．動的再結晶が全面で起こり定常化すると応力は一定になる．また，初期粒径 D_0 と定常応力状態での動的再結晶径 D_s の関係が $D_0 > 2D_s$ の場合は応力ピークは一つであるが，ひずみ速度が小さく高温で変形することにより $D_0 <$

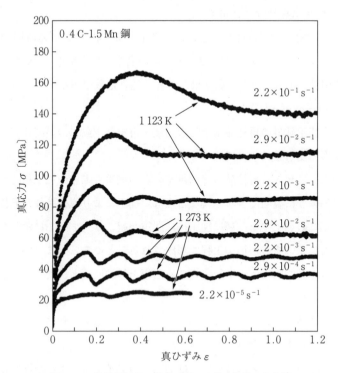

図1.46 動的再結晶に伴う応力-ひずみ曲線の変化[14]

$2D_s$ の関係を満足する動的再結晶が生成すると多重ピーク型の応力-ひずみ曲線が現れることが報告されている[15]. 動的再結晶挙動は応力-ひずみ曲線を解析することでもある程度推測でき，ピーク応力のひずみの約 70～80% のひずみで動的再結晶が始まるという実験結果が報告されている.

動的再結晶の粒径はひずみ速度と加工温度に依存し，ひずみ量と初期粒径にはほとんど依存しない. 一方，静的再結晶粒径はひずみ速度と加工温度にはほとんど依存せず，おもに初期粒径とひずみ量の関数で記述できるというまったく異なった挙動を示す. 図 1.47[16] は再結晶粒径に及ぼすひずみの影響を示

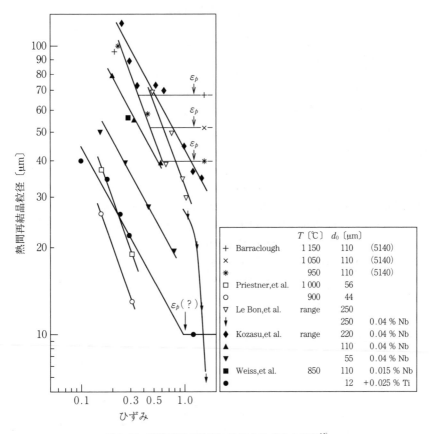

図 1.47　熱間再結晶粒径に及ぼすひずみの影響[16]

すが，ひずみの増加によって粒径が減少しているのが静的再結晶粒で，ひずみを増やしても粒径が変化しないのが動的再結晶粒である．この図から全圧下率が一定という条件で熱間加工によって組織微細化を達成するにはパス間での粒成長を抑制した多段加工の静的再結晶を利用するのが最も有効であることがわかる．これは静的再結晶粒径がひずみ量の増加に従って細かくなるのに対して，動的再結晶粒径がひずみ量がある臨界値を超えると組織微細化に寄与しないことに起因する．

引用・参考文献

1) 長島晋一ほか：日本金属学会誌，**29**（1965），393．
2) 高木節雄・津崎兼彰：材料組織学，（2006），朝倉書店．
3) 日本金属学会：金属データブック 改訂2版，（1983），丸善，447．
4) 西沢泰二：ミクロ組織の熱力学，（2004），日本金属学会．
5) Chen, H., et al.：Solid State Phenomena, **172**-174 （2001）, 561.
6) Wert, C. A., et al.：J. Appl. Phys., **21** （1950）, 5.
7) 若生昌光：ふぇらむ，**14**（2009），713．
8) Azuma, M., et al.：ISIJ Int., **45** （2005）, 221.
9) Koistinen, D. P. & Marburger, R. E.：Acta Metall. **7** （1959）, 59.
10) Bain, E. C. & Paxton, H. W.：Alloging Elements in Steels, 2nd ed ASM （1961）．
11) Humphreys, F. J.：Acta Mater., **45** （1997）, 4231.
12) Cahn, J. W.：Acta Metall. **10** （1962）, 789.
13) Hashimoto, N., et al.：ISIJ Int., **38** （1998）, 617.
14) 酒井拓：鉄と鋼，**81**（1995），1．
15) 酒井拓：日本金属学会会報，**22**（1983），1036．
16) Sellars, C. M.：Sheffield Int. Conf. on Working and Forming Processes （1979）, 3.

2 材料の強度

 自動車用材料に代表されるように,軽量化や安全性向上のために使用材料の高強度化が社会ニーズになっている.そこで,本章ではまず,その高強度化の基礎になる金属材料の強化機構について述べる.つぎに,塑性加工をする際に不可欠な知識である変形抵抗について金属学の観点で説明することで,その定式化の意味を理解する.また,実用化されている熱間ならびに冷間圧延の変形抵抗式も紹介する.さらに,プレス成形などの塑性加工のコンピュータシミュレーションにおける材料構成式の取扱いについても言及する.

2.1 強度とは

 塑性加工において,強度とは変形に対する抵抗と考えることができる.塑性変形の機構にはすべり,双晶形成,粒界すべりがある.通常の変形はすべり変形によって起こる.すべり変形はすべり面で転位が動くことで起こるので,転位の動きを妨げる抵抗が強度となる.それゆえ,高強度化を図るには転位運動を妨げる対策が講じられる.

2.2 強化機構

 図2.1に転位の移動を妨げるいろいろな障害を模式的に示す.この図に描かれているそれぞれの強化機構について説明する.

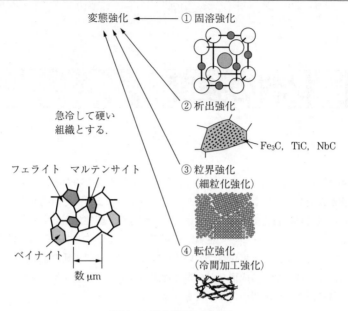

図 2.1 強化機構の模式図

2.2.1 固溶強化

固溶強化とは,母相に存在する溶質原子が転位の動きを妨害するもので,溶質原子のサイズ差や化学的相互作用の強さなどに影響される.鉄中のC,Nに見られるように,一般に侵入型元素のほうが置換型元素より顕著な固溶強化を示す.しかし,これらの元素の固溶量は小さいので,固溶強化に利用するには限界がある.固溶元素の原子分率 f と固溶強化 $\Delta\sigma$ の間には式 (2.1) のような関係が近似的に確認されており,一

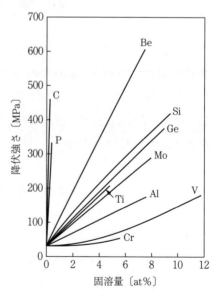

図 2.2 純鉄に添加した各種合金元素の固溶強化能

般に固溶限が小さい元素が大きな固溶強化を示す．

$$\Delta\sigma \propto f \quad \text{または} \quad \sqrt{f} \tag{2.1}$$

図2.2に純鉄に各種の元素を添加したときの固溶強化量を示す．

2.2.2 析出強化

析出強化とは，析出物が転位の動きを抑制する力である．析出強化には，図2.3に示すように転位が析出物を切断して進むときの抵抗と，析出物を切断することができずに転位が析出物に引っ掛かり，左右の転位が90°曲げられたあとに合体し，転位ループを残して通り抜けるときの抵抗とがある．前者をカッティング機構，後者をオロワン機構と呼ぶ．カッティング機構は転位が析出物に引っ掛かり90°曲げられる前に析出物を通り抜けるのでオロワン機構より析出強化能は小さい．どちらの機構で析出強化が起こるかは析出物の大きさなら

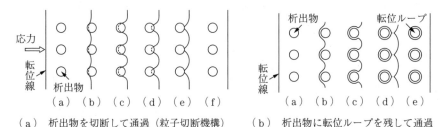

（a）析出物を切断して通過（粒子切断機構）　　（b）析出物に転位ループを残して通過（オロワン機構）

図2.3 析出物を通過するときの転位の動き

びにその強度に依存する．オロワン機構で析出強化が起こる場合，析出量が同じならば析出物が細かく，数多く存在したほうが析出強化能は高くなるので，析出強化を狙った材料では，析出物を細かく数多く出す熱処理が行われている．

図2.4に高温で溶体化処理（析出物

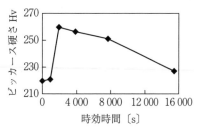

図2.4 1 200℃で溶体化処理された0.028% C-0.3% Nb鋼の600℃での時効硬化挙動

形成元素を母相中に固溶させる処理)した材料をある温度に急冷して保持したときの保持時間に伴う硬さの変化を示す．この硬さの変化は析出挙動により説明できる．時効の初期は微細な析出物が生成することで析出強化が進む．その後，ピーク値を示したあとに析出強化能が低下するのは析出物が粗大化するとともにその数が減少するためである．このように析出量は飽和状態で変化せずに粒子の粗大化が進むことをオストワルド成長という．

2.2.3 粒界強化

多結晶では転位が結晶粒内のすべり面を動いて粒界に達するとそこで動きを止められ，同じすべり面で動いてきた転位が集積することで，粒界に大きな応力が生じる．その応力が臨界の値に達すると隣接粒で転位が生成されて新たなすべり面をすべることで変形が継続して起こる．粒界強化はこの臨界の応力で示され，結晶粒径の $-1/2$ 乗に比例する式 (2.2) で表すことができる．この式をホール・ペッチ（Hall-Petch）の式という．ここで，k は粒界を強化する C などの元素が偏析することで大きくなることが報告されている[1]．

$$\sigma = \sigma_0 + kd^{-\frac{1}{2}} \quad (\text{ホール・ペッチの式}) \tag{2.2}$$

2.2.4 転位強化

転位強化とは，転位どうしがぶつかり合って動きを抑制することで生じる抵抗である．この強化能は式 (2.3) の転位密度の $1/2$ 乗に比例するというベイリー・ハーシュ（Bailey-Hirsch）の式で表すことができる．加工を加えることで転位密度が高くなるので，合金元素を添加する必要がなく，安価な強化法ではあるが，延性，靭性の劣化が著しい難点がある．

$$\sigma = \sigma_0 + a\sqrt{\rho} \quad (\text{ベイリー・ハーシュの式}) \tag{2.3}$$

2.2.5 変態強化

変態強化は，変態を利用した強化方法で上記の強化機構の組合せにより達成

される.**図2.5**に組織と変態温度が鉄鋼材料の強度に及ぼす影響を示す[2].変態温度と引張強さに良い相関があるのは変態温度が低下するに従い,変態時に生じた転位(変態転位)の回復度合いが低下して残存する転位密度が高くなることや,組織が微細化するためである.また,マルテンサイトの強度が高いのは,過飽和の固溶Cによる固

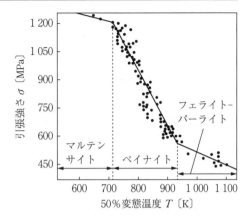

図2.5 低炭素鋼の各組織の引張強さと50%変態温度の関係[2]

溶強化,高密度の変態転位による転位強化,それにラス,ブロックなどの微細組織の粒界強化が作用するためである.

2.3 応力-ひずみ曲線

材料の力学的特性を評価するための材料試験には,6.2節で詳述するように数多くの試験法があるが,引張試験が材料の力学的特性を調べる試験法として広く利用されている.また,引張試験では特性を相互に比較することが重要となるので,引張試験方法(JIS Z 2241-1993),試験片(JIS Z 2201-1980)などが規格化されている.

引張試験を行う際には,初期標点距離 l_0,初期断面積 A_0 の引張試験片に連続的に増加する引張荷重 W を加え,荷重と同時に試験片の標点距離 l,または伸び $l-l_0$ を測定し,荷重伸び曲線を記録する.この荷重-伸び曲線から式(2.4),(2.5)によって,公称応力 s と公称ひずみ e を求め,図示したものが**図2.6**の実線で表した公称応力-公称ひずみ曲線である.

$$s = \frac{W}{A_0} \tag{2.4}$$

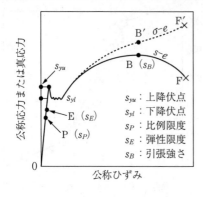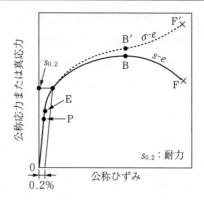

(a) 軟鋼の応力-ひずみ曲線　　　(b) 非鉄金属の応力-ひずみ曲線

$$\begin{pmatrix}実線；公称応力-公称ひずみ曲線，破線；真応力-公称ひずみ曲線\\ s；公称応力, \ \sigma；真応力, \ e；公称ひずみ\end{pmatrix}$$

図 2.6　引張りによる応力-ひずみ曲線の模式図

$$e = \frac{l - l_0}{l_0} \tag{2.5}$$

一方，荷重 W を各ひずみにおける試験片の最小断面積で割った応力を真応力 σ といい，図中の破線は真応力-公称ひずみ曲線を示す．

図（a）は，軟鋼や Al-Mg 合金のように明瞭な降伏現象，すなわち上降伏点，下降伏点，そして降伏点伸びが現れる材料，また図（b）は銅やアルミニウムのように明瞭な降伏点を示さない材料の応力-ひずみ曲線の模式図である．

図において，点 P が応力とひずみの比例関係，すなわち，フック（Hooke）の法則が成り立つ範囲の限界であるとき，点 P の公称応力 s_p を比例限度と呼ぶ．また，点 E が材料に永久変形を生じない限界であるとき，点 E の公称応力 s_E を弾性限度と呼ぶ．比例限度も弾性限度も伸び計の精度に大きく依存するので，実用上は降伏点を比例限度・弾性限度とすることが多く，工業的な目的には，降伏点を弾性変形の限界としている．転位の動きという観点では，引張試験で現れる降伏応力とは，転位が大量に動き出し，塑性変形がマクロ的に感知できる応力をいい，ミクロ的な塑性変形である転位の移動はもっと低い応力でも起きている．その証拠に，降伏点以下の応力でも繰返し応力により転位

2.3 応力-ひずみ曲線

が動き転位下部組織が変化して疲労破壊につながる．

軟鋼のように明瞭な降伏点を示す材料の場合，上降伏点 s_{yu} を降伏点とみなすことも多いが，s_{yu} の値は試験機の剛性，引張速度などに敏感であるから，安定した値を示す下降伏点 s_{yl} を降伏点として採用することもある．

ここで，降伏現象について簡単に説明する．鋼においては固溶状態のC, Nが存在すると図（a）に示した降伏現象が現れる．その理由として，転位線直下の結晶格子がゆがんだところに固溶C, Nが拡散して入り込むことにより，転位のポテンシャルエネルギーが下がり，転位が動きにくくなる．これをひずみ時効という．この状態で転位を動かすのに必要な応力が上降伏応力である．一度，動きだし，固溶C, Nから解放された転位は本来の低いせん断応力（下降伏応力）で移動することができる．このせん断応力で試験片全体が順次変形する現象が降伏点伸び現象で，リューダース帯という筋模様を示しながら変形が進行する．プレス成形材ではこの降伏変形に伴う模様をストレッチャー ストレイン（stretcher strain）といい，**図 2.7**[3) のように表面性状を著しく劣化するので，自動車用の外板では固溶C, Nが存在しな

図 2.7 ストレッチャー ストレインの発生による表面損傷[3)

いIF（interstitial atom free, 極低炭素鋼にTi, Nbなどを添加してC, Nを合金炭窒化物に取り込み，固溶のC, Nを存在させない）鋼が使用される．

一方，明瞭な降伏点を示さない材料の場合は，一定の永久ひずみ（通常は0.2%の永久ひずみ）を生じる公称応力（0.2%永久ひずみの場合は $s_{0.2}$）を降伏応力とみなし，耐力と呼んでいる．

降伏応力を過ぎると，巨視的にも塑性変形を生じて，試験片をさらに変形させるために必要な応力が増加し，公称応力の最大値（点B）に達する．この応

力の増加を加工硬化といい，この最大値 s_B を引張強さと呼ぶ．点 B, すなわち，最大荷重に達するまでは，試験片の標点間の材料は，ほぼ一様に変形するため，その伸びを均一伸び，または一様伸びと呼ぶ．これに対して，延性に富む材料の場合，最大荷重点（点 B）を過ぎると変形が試験片の一部に集中してくびれを生じ，やがて破断（図 2.6 の点 F）に至る．このときの伸びを局部伸びという．均一伸びと局部伸びを足した破断時の伸びを全伸びあるいは破断伸びという．また，試験片の初期断面積 A_0，試験片が破断したときの最小断面積 A_f としたとき，$(A_0 - A_f)/A_0$ を絞り ϕ といい，その材料の延性の目安とすることがある．

ところで，公称ひずみ e には加算性がないことから，変形が大きい場合には式 (2.6) で定義される加算性のある対数ひずみ（真ひずみと呼ぶこともある）ε を用いると便利なことがある．以降，単にひずみと称するときは対数ひずみ ε を意味するものとする．

$$\varepsilon = \ln \frac{l}{l_0} = \ln(1+e) \tag{2.6}$$

真応力-真ひずみの関係は式 (2.7) や (2.8) で近似的に表すことができる．

$$\sigma = Y + F\varepsilon^n \quad (\text{Ludwik の式}) \tag{2.7}$$

$$\sigma = c(\alpha + \varepsilon)^n \quad (\text{Swift の式}) \tag{2.8}$$

より簡単な近似式としては，式 (2.7) で $Y=0$ とするか，式 (2.8) で $\alpha=0$ とした式

$$\sigma = K\varepsilon^n \tag{2.9}$$

がある．式 (2.9) を用いた場合の n は加工硬化指数または n 値と呼ばれ，均一伸びを与えるひずみ ε_u と等しいことが数学的に導かれる．経験的にも，n 値が大きい材料は高い均一伸びを示すことが知られている．

2.4 高温強度

高温域での変形では転位の移動速度 v は，熱活性化過程に支配され，ひず

み速度と一義的関係にあるので式 (2.10) が成り立つ．

$$v = \frac{\dot{\varepsilon}}{\rho b} = A \exp\left\{\frac{-U(\sigma_a)}{kT}\right\} \tag{2.10}$$

ここで，σ_a は有効応力と呼ばれ，作用する応力 σ から温度とひずみ速度に依存しない内部応力 σ_i を除した値である．ρ は可動転位密度，b はバーガースベクトル，U は熱的活性化エネルギーで σ_a に依存し，鉄系合金では式 (2.11) で表される．

$$U(\sigma_a) = U_0 - B\sigma_a \tag{2.11}$$

これらの式を展開して変形に要する応力を求めると式 (2.12) が得られる．ここで，A，B は定数である．

$$\sigma = \sigma_i + \frac{U_0}{B} - \frac{kT}{B} \ln \frac{\rho b A}{\dot{\varepsilon}} \tag{2.12}$$

後述する鋼の熱間変形抵抗式はこの式を基本式としている．

上記の式は高温で材料を加工するときに必要な応力を示すだけでなく，高温環境で材料に負荷がかかった状態で使用されたときの変形挙動も示すものでもある．金属を高温で使用すると，加わる荷重が小さくても時間とともに変形が進行する．この現象をクリープと呼ぶ．身近なクリープ現象としては氷河の流れが挙げられる．また，工業的観点では高温の圧力容器の締付けねじが使用中に伸びて締付け力が弱くなり，内容物が漏れ出すなどの事故の事例がある．また，ガスタービンの羽根の損傷もクリープが原因のことが多い．一般に，融点の 1/3 以下の温度での使用ではクリープ現象は無視できるので，クリープを回避するには高融点材料を選択することが一つの解となる．

図 2.8 は，一定の応力もしくは一定の荷重をかけたときの金属の時間に伴う変形を示すクリープ曲線である．まず，金属材料に荷重が加わると弾性変形を起こし，続いて時間とともにひずみ速度が減少する一次クリープ（遷移クリープ），一定のひずみ速度で変形する二次クリープ（定常クリープ），そしてひずみ速度が急激に大きくなり破断に至る三次クリープ（加速クリープ）が順次起こる．クリープ強さは大きく分けて二つの強さがあり，一つは，クリープ変形

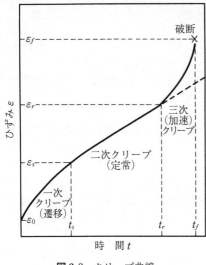

図 2.8 クリープ曲線

に関する強さで，10^5 h 後に 1 ％ひずみを生じる応力で与えられる．もう一つはクリープ破断に関する強さであって，10^5 h クリープ破断強さの平均値の 2/3 で与えられる．

クリープにおける変形機構には転位クリープと拡散クリープがある．転位クリープは転位の上昇運動による変形で，ひずみ速度は応力の n 乗に比例する．また，拡散クリープは結晶粒の伸長による応力緩和が駆動力で，クリープ速度は応力に比例し，粒径の 2 乗に反比例する．転位クリープではクリープ強度を高めるのに転位の移動を妨げる固溶元素の添加や高温域で安定な析出物を微細分散させることが有効であり，拡散クリープでは粒界すべりの妨げになる析出物を粒界に生成させるか，粒界自体を減じるために粒の粗大化，究極的には単結晶化が有効である．高温で用いられるタービンブレードは材料の単結晶化が進められている．

クリープによる破断伸びは高温で変形が進むために飴のように伸びると誤解されることがあるが，実際は 2 ～ 3 ％しかない．これは高温で生成した空孔が素早く拡散して凝集することでボイドの成長が低ひずみでも顕著に進むためである．

2.5 鉄鋼材料の変形抵抗の定式化

図 2.9 に，一例として，低炭素キルド鋼の変形抵抗曲線の測定値を示す[4]．このように変形抵抗は温度とひずみ速度の影響を受ける．このほかに，材料の化学組成なども変形抵抗の影響因子である．したがって，変形抵抗はひずみ

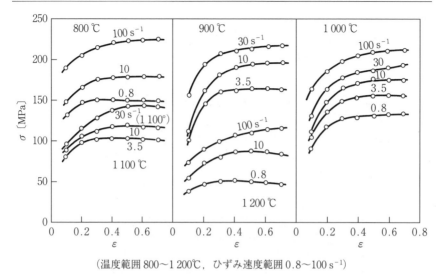

(温度範囲 800〜1 200℃, ひずみ速度範囲 0.8〜100 s^{-1})

図 2.9 低炭素キルド鋼の変形抵抗の温度およびひずみ速度依存性[4]

ε, ひずみ速度 $\dot{\varepsilon}$, 温度 T, 材料の化学組成などを表すパラメータ α の関数として次式のように表される.

$$\sigma = f(\varepsilon, \dot{\varepsilon}, T, \alpha) \tag{2.13}$$

塑性加工によって高寸法精度の製品を製造するには加工時の材料の変形抵抗を的確に把握する必要がある.

2.5.1 熱間加工の変形抵抗

変形抵抗式を作成するには式 (2.13) の右辺に示した各因子の影響を定量的に把握する必要がある. そのデータを求めるために一般に行われるのが圧縮試験である. **図 2.10** は圧縮試験機の一例であり, 矩形断面の棒を上下の金型で圧縮し, そのときの荷重をロードセルで測定している[5].

この試験機の場合は誘導加熱機で試料を所定の温度に加熱し, 金型の移動速度ならびに距離を油圧サーボで制御することで, ひずみならびにひずみ速度を任意に変えている. 加工直後から任意の時間で水冷ができるため, 急冷された試験片の組織を観察することで, 加工直後ならびにその後の組織の経時変化も

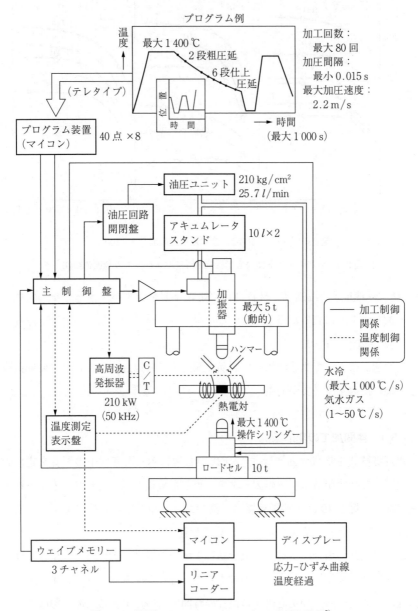

図 2.10 熱間加工シミュレータのブロック図と性能[5]

2.5 鉄鋼材料の変形抵抗の定式化

解析できる.特に,加工直後の試料の組織観察では加工中に起こり,変形抵抗に影響を与える動的再結晶(加工中に起こる再結晶)の情報を得ることができる.動的再結晶挙動は加工に伴う変形応力の変化からも推測できる.図 1.46 に示したように動的再結晶が起こると応力-ひずみ曲線に特徴的な変化がみられる.高温でひずみ速度が小さいときは動的再結晶が起こる臨界ひずみ以上のひずみの領域で変形応力が波を打つような形で変動するが,加工の低温化,高速化により図中に示すように変形応力は一つのピークを示したのちにひずみに依存しない一定値を示す[6].この応力変化と組織観察を組み合わせることで動的再結晶挙動を比較的精度よく定式化することができる.また,多段加工の実験を行うことで変形抵抗に及ぼすパス間で起こる回復,再結晶などの復旧過程の影響を把握することができるので,そのデータを用いて連続熱間圧延時の変形抵抗の予測で重要となる累積ひずみの影響も定式化できる.

変形応力は,前述した式 (2.12) で表すことができ,内部応力 σ_i が転位密度と Bailey-Hirsch の関係があるので,応力 σ は転位密度の関数として表すことができる.式 (2.14) は瀬沼ら[7]によって定式化された熱間変形抵抗式である.右辺第 1 項が内部応力,第 2 項が有効応力,第 3 項が粒界強化を表す.$a_{1 \sim 6}$ は定数,T は加工温度,$\dot{\varepsilon}$ はひずみ速度,d_0 は加工前の粒径を意味する.

$$\sigma = a_1 \rho^{1/2} + a_2 \left(a_3 - a_4 T \ln \frac{a_5 \rho}{\dot{\varepsilon}} \right) + a_6 d_0^{-1/2} \tag{2.14}^\dagger$$

転位密度 ρ は加工による増殖と復旧過程による減少を考慮した式 (2.15) の簡易式で求めている.ここで,c は定数,b は温度とひずみ速度の関数で与えられている.

$$\frac{d\rho}{d\varepsilon} = c - b\rho \tag{2.15}$$

このように,変形抵抗が転位密度の関数として表されているので,多段加工時にパス間での軟化過程による転位密度の変化を定式化して,つぎの加工時に

---

† 本来,右辺第 2 項の ρ は可動転位密度 ρ_a であるが,全転位密度 ρ が高い場合は全転位密度に比例すると仮定して定式化している.

残存する転位密度を変形抵抗式の転位密度の初期値として代入することで，図2.11 に示すように，ひずみの累積効果を考慮することができる．詳細は文献を参照されたい[7]．

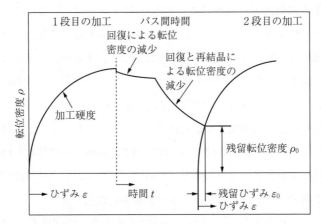

図 2.11 加工中ならびに加工後の転位密度の変化

この変形抵抗式には成分の影響が考慮されていない．しかし，オーステナイト域の熱間加工では，C：0.05〜0.8%，Si＜1%，Mn＜3%の範囲のC-Si-Mn鋼の変形抵抗は成分の影響を考慮しなくても±10%以内の精度で予測できると報告されている．一方で，Nb，V，Ti などの析出物形成元素は再結晶の遅延効果により変形抵抗に大きな影響を与えることが知られている．吉江ら[8]は累積ひずみ効果を考慮できる変形抵抗式を Nb 添加鋼に拡張するに当たり，式(2.15) の b，c をひずみ速度，加工温度のほかに，析出 Nb 量と固溶 Nb 量の関数として定式化し，実験結果を精度よく予測できる変形抵抗式を提案した．

つぎに，1段加工やパス間時間が長く回復，再結晶が十分に進んだ場合に使用できる簡便な変形抵抗の実験式を紹介する．

美坂ら[9]は多くの1段圧縮加工の実験結果を整理して，炭素量の影響も考慮して式 (2.16) を提案した．ここで，σ_{ave} とはひずみ0から加えたひずみ ε までの平均の変形応力を意味する．

2.5 鉄鋼材料の変形抵抗の定式化

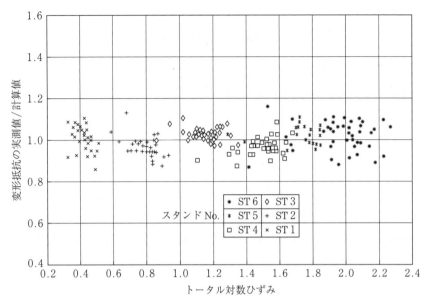

（a） 累積ひずみ効果を考慮しない場合（美坂らの式）

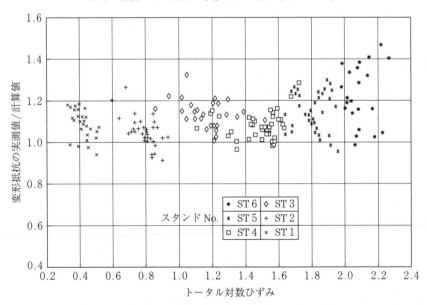

（b） 累積ひずみ効果を考慮した場合（瀬沼らの式）

図 2.12 現場の6段仕上熱延機における変形抵抗の実測値と計算値の比[7]

$$\sigma_{ave}=9.81\varepsilon^{0.21}\dot{\varepsilon}^{0.13}\exp\left[\begin{array}{l}0.126-1.7C+0.594C^2+\\(2\,851+2\,968C-1\,120C^2)/T\end{array}\right] \quad (2.16)$$

ここで，ε はひずみ，$\dot{\varepsilon}$ はひずみ速度，T は絶対温度，C は炭素の mass％である．ひずみおよびひずみ速度は圧延の場合は次式で与えられる．

$$\varepsilon=-\frac{2}{\sqrt{3}}\ln(1-r) \quad (2.17)$$

$$\dot{\varepsilon}=\frac{\varepsilon}{t}=\frac{\varepsilon}{L/v} \quad (2.18)$$

ここで，r は圧下率，t はロール接触時間，L は接触長さ，v は圧延速度である．また，彼らはその後 C 以外の合金元素の影響も取り入れている[10]．

そのほかの変形抵抗式として，志田[11]が高ひずみ域で現れる加工軟化現象ならびに二相域での変形抵抗を予測できる式を提案している．

図 2.12 に，現場の 6 段のホットストリップ仕上圧延の変形抵抗の実測値と，累積ひずみ効果を考慮しない美坂らの式と，考慮した瀬沼らの式で求めた計算値の比を縦軸に，各スタンドで加えられたひずみの加算値を横軸にして示す[7]．この現場実験で用いた鋼は C：0.3～0.2％，Si＜0.3％，Mn0.2～0.55％の普通鋼成分系である．このように累積ひずみ効果を考慮した変形抵抗式を用いることで，板厚精度に大きな影響をもたらす後段の変形抵抗値を高い精度で予測できるようになった．

一方，動的再結晶が起こることで圧延荷重が低下する事例が紹介されているが，ここでは文献の紹介にとどめる[12],[13]．

2.5.2　冷間加工の変形抵抗

冷間から温間域における変形抵抗の予測にも金属学的には熱間変形抵抗式である式(2.14)を用いることができるが，熱間とは異なり組織はオーステナイト単相ではなく，フェライト，パーライト，ベイナイトなど複雑になるため，それぞれの相に関して定式化し，その上で相の分率を考慮して計算しなければならない．このような取扱いは実際問題としては難しい．簡易的な炭素鋼の変

2.5 鉄鋼材料の変形抵抗の定式化

形抵抗式としては,つぎの小坂田らの式[14]がある.

$$\sigma = \left(294\varepsilon^{0.704} + 69.4\right)\left\{0.618 + (-3.34\varepsilon + 2.62)C\right\} \times \exp\frac{284}{(1 - 0.0450\dot{\varepsilon})T}$$

$$+ 288\exp\left[-2.28\left\{\ln\frac{(1 - 0.0467\ln\dot{\varepsilon})T}{497}\right\}^2\right] \quad [\text{MPa}] \qquad (2.19)$$

適用範囲は,$C<0.6\%$,$\varepsilon<0.8$,$\dot{\varepsilon}=0.01\sim500\,1/\text{s}$,$T=273\sim973\,\text{K}$ であり,動的ひずみ時効による青熱脆性に対応する変形抵抗の変化も記述できるといわれている.動的ひずみ時効とは,加工時の転位の動きに溶質元素が拡散によりついてきて,溶質元素を引きずりながら転位が動くことで生じる変形抵抗の増加を示す現象である.すなわち,転位の速度と溶質元素の速度が同程度の時に起こる現象なので,この現象が起こる温度域はひずみ速度によって異なる.また,溶質元素が転位についたり離れたりするため変形抵抗の値が振動するという特徴がある.

現在,一般に用いられている冷間変形抵抗 σ は式 (2.20) に示すように定数項 σ_0 にひずみ速度の関数の項を加算した形で表されている.

$$\sigma = \sigma_0(1 + a\dot{\varepsilon}^m) \qquad (2.20)$$

ここで,σ_0,a,m の各値は $\dot{\varepsilon}=10^{-3}\text{s}^{-1}$ における変形抵抗の値 σ_{st} に対して,ひずみ速度 $\dot{\varepsilon}=10^{-3}\sim10^3\text{s}^{-1}$ の範囲で図 2.13 から求めることができる[15].冷

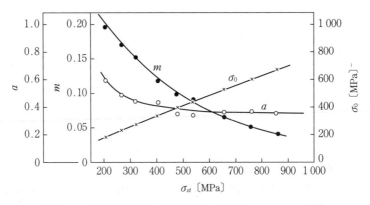

図 2.13 冷間変形抵抗の式 (2.20) における σ_0,a,m の値[15]

間変形抵抗では熱間変形抵抗より成分の影響を受けるが,それは σ_{st} の中に考慮された形になる.成形される材料の温度が基準温度 T_0 と異なる場合や高速変形により加工発熱の影響で温度上昇が起こる場合は式 (2.20) を補正する必要がある.その補正方法としては温度とひずみ速度の等価性を表した Zener-Hollomon のパラメータを用いて $Z=\dot{\varepsilon}_0 \exp(B/T_0)=\dot{\varepsilon}_T \exp(B/T_T)$ が等しくなると仮定して温度補正ひずみ速度 $\dot{\varepsilon}_T$ を $\dot{\varepsilon}$ として用いるのが一般的である.

また,室温での複合組織鋼の変形抵抗について,友田と梅本は各相の変形抵抗を成分を考慮した Swift の式として求め,混合組織に対して各相の分率を掛けて加算することで変形抵抗値を比較的精度よく予測できることを示した[16].

2.5.3 組合せ応力下の変形抵抗

塑性変形の基本様式としては,引張り,圧縮,せん断および曲げなどがあるが,実際の塑性加工は,これらの基本変形様式をその目的に応じて種々に組み合わせて行うので,一般には組合せ応力下(あるいは多軸応力下)の変形となる.以下に組合せ応力下の変形抵抗を考える.

等方性材料を考えると,降伏条件は主応力 σ_1, σ_2, σ_3 の大きさのみに依存し,その方向には無関係である.また,通常の大きさの静水圧または等方応力が作用しても,第1近似的には金属材料の降伏条件はその影響を受けないという実験的事実がある.さらに Bauschinger 効果を無視すると,降伏応力の大きさは引張りでも圧縮でも同一となり,これらの条件を満たす等方性材料の最も一般的な降伏条件式は次式で与えられる[17].

$$f(J_2, J_3^2) = 0 \qquad (2.21)$$

ここで,J_2, J_3 は偏差応力テンソル σ'_{ij} の主不変量であり,次式で定義される.

$$J_2 = \frac{1}{2}\sigma'_{ij}\sigma'_{ji}, \quad J_3 = \frac{1}{3}\sigma'_{ij}\sigma'_{jk}\sigma'_{ki} \qquad (2.22)$$

式 (2.21) の条件を満たす降伏条件式としては,Huber-von Mises の降伏条件式

2.5 鉄鋼材料の変形抵抗の定式化

$$\bar{\sigma} = \sqrt{3J_2} = \sqrt{\frac{3}{2}\sigma'_{ij}\sigma'_{ji}}$$

$$= \left[\frac{1}{2}\left\{(\sigma_x-\sigma_y)^2+(\sigma_y-\sigma_z)^2+(\sigma_z-\sigma_x)^2+6\left(\tau_{xy^2}+\tau_{yz^2}+\tau_{zx^2}\right)\right\}\right]^{1/2}$$

$$= Y = \sqrt{3}\,k \tag{2.23}$$

また，Tresca の降伏条件式

$$\max\left(|\sigma_1-\sigma_2|,|\sigma_2-\sigma_3|,|\sigma_3-\sigma_1|\right) = Y = 2k$$

$$4J_2^3 - 27J_3^2 - 36k^2J_2^2 + 96k^4J_2 - 64k^6 = 0 \tag{2.24}$$

などがある．ここで，式 (2.23)，(2.24) における Y は単軸引張降伏応力 Y，k はせん断降伏応力である．また，式 (2.23) で定義される $\bar{\sigma}$ は，相当応力と呼ばれている．

Huber-von Mises の降伏条件式 (2.23) に対して，塑性仕事増分を

$$dw^p = \sigma d\varepsilon^p = \sigma_{ij}d\varepsilon_{ji}^p = \bar{\sigma}\,\overline{d\varepsilon^p} \tag{2.25}$$

で定義することによって，相当塑性ひずみ増分 $\overline{d\varepsilon^p}$ が次式のように定義できる．

$$\overline{d\varepsilon^p} = \sqrt{\frac{2}{3}d\varepsilon_{ij}^p d\varepsilon_{ji}^p}$$

$$= \left[\frac{2}{3}\left\{d\varepsilon_{x^2}^p + d\varepsilon_{y^2}^p + d\varepsilon_{z^2}^p + \frac{1}{2}\left(d\gamma_{xy^2}^p + d\gamma_{yz^2}^p + d\gamma_{zx^2}^p\right)\right\}\right]^{1/2} \tag{2.26}$$

このことにより，単軸引張り（または単軸圧縮）による変形抵抗曲線

$$\sigma = H(\varepsilon^p) \tag{2.27}$$

が得られたとすると

$$\bar{\sigma} = H\left(\int\overline{d\varepsilon^p}\right) \tag{2.28}$$

が組合せ応力下における変形抵抗曲線を表すことになり，式 (2.23) で定義される相当応力 $\bar{\sigma}$ を組合せ応力下における変形抵抗とみなせばよいことになる．大きな塑性変形を取り扱う場合には全ひずみ増分 $d\varepsilon$ と塑性ひずみ増分 $d\varepsilon^p$ を同一視するが，その場合には式 (2.25) 〜 (2.28) における塑性を意味する記号 p を省略して考える．

板材の圧縮変形抵抗を調べるために平面ひずみ圧縮試験を行うことがあるが，平面ひずみ圧縮試験における圧縮応力を σ_z，圧縮ひずみを ε_z とするとき，変形抵抗 $\bar{\sigma}$ ならびに相当ひずみ（相当ひずみ増分の積分値）$\bar{\varepsilon}$ は，それぞれ次式で換算される．

$$\bar{\sigma} = \frac{\sqrt{3}}{2}\sigma_z, \quad \bar{\varepsilon} = \frac{2}{\sqrt{3}}\varepsilon_z \tag{2.29}$$

一方，異方性材料に対しては，異方性降伏条件式に対応してその相当応力を決めればよい．例えば，Hill の二次異方性降伏関数[18]の場合は

$$\bar{\sigma} = \sqrt{3/2}\left[\left\{F(\sigma_y-\sigma_z)^2 + G(\sigma_z-\sigma_x)^2 + H(\sigma_x-\sigma_y)^2 \right.\right.$$
$$\left.\left. + 2(L\tau_{yz}^2 + M\tau_{zx}^2 + N\tau_{xy}^2)\right\}/(F+G+H)\right]^{1/2} \tag{2.30}$$

で定義される相当応力 $\bar{\sigma}$ を変形抵抗とし，また，Hill の非多項式形降伏関数[19]の場合は，次式で定義される相当応力 $\bar{\sigma}$ を変形抵抗とみなせばよい．

$$\bar{\sigma}^n = f|\sigma_2-\sigma_3|^n + g|\sigma_3-\sigma_1|^n + h|\sigma_1-\sigma_2|^n$$
$$+ a|2\sigma_1-\sigma_2-\sigma_3|^n + b|2\sigma_2-\sigma_3-\sigma_1|^n$$
$$+ c|2\sigma_3-\sigma_1-\sigma_2|^n \tag{2.31}$$

さらに，これらに対する相当（塑性）ひずみ増分としては，式 (2.25) と同様に（塑性）仕事増分を介した仕事等価測度を用いる場合と，等方性材料に対する式 (2.26) をそのまま用いる場合とがある．

一例として，圧延方向（0°）およびそれに直交する方向（90°）を異方性主軸とする面内異方性板の変形抵抗を考える．この場合，式 (2.30) で $\sigma_z = \tau_{yz} = \tau_{zx} = 0$ とすればよいが，圧延方向から θ だけ傾いた方向の r 値（Lankford 値，塑性ひずみ比）は次式で与えられる[18]．

$$r(\theta) = \frac{H + (2N-F-G-4H)\sin^2\theta\cos^2\theta}{F\sin^2\theta + G\cos^2\theta} \tag{2.32}$$

したがって，直交する2方向の r 値，r_0，r_{90} の値を調べておけば，圧延方向の引張試験（応力 σ_0，ひずみ ε_0）から次式[20]によって変形抵抗を換算でき

$$\bar{\sigma} = \left\{ \frac{3}{2} \frac{r_{90} + r_0 r_{90}}{r_0 + r_{90} + r_0 r_{90}} \right\}^{1/2} \sigma_0$$

$$\overline{d\varepsilon} = \left\{ \frac{2}{3} \frac{r_0 + r_{90} + r_0 r_{90}}{r_{90} + r_0 r_{90}} \right\}^{1/2} d\varepsilon_0 \tag{2.33}$$

ただし，式 (2.33) から変形抵抗が算定できるのは，その材料が式 (2.30) の異方性降伏関数で十分に近似できる場合に限る．そのためには，任意の θ 方向の引張試験を行う際の引張応力 $\sigma(\theta)$ が，次式で十分に近似できることを確かめておく必要がある．

$$\begin{aligned} \{\sigma(\theta)/\sigma_0\}^2 = &(r_{90} + r_0 r_{90})/[r_0 r_{90} + r_0 \sin^2\theta + r_{90}\cos^2\theta \\ &+ \{r_{45}(r_0 + r_{90}) - 2r_0 r_{90}\}\sin^2\theta\cos^2\theta] \end{aligned} \tag{2.34}$$

2.5.4 塑性加工のコンピュータシミュレーションにおける材料の取扱い

近年，CAE (computer-aided engineering) による工業製品や製造方法の開発が普及し，塑性加工の分野では，一般に，有限要素解析によるコンピュータシミュレーションを用いた材料や加工条件，金型，加工工程，製品形状などの最適化が行われている．得られた結果の妥当性や信頼性を担保する重要な要件の一つが，解析の目的や手法に応じた適切な材料情報の入力である．必要な材料情報はおもに変形抵抗や破断に関するデータであるが，解析手法に応じて必要となる物性値もある．以下に，適切な材料情報を入力するための知識として，有限要素解析における材料の取扱いの概略を述べる．

材料が変形するときの力学的応答はそのときの材料の変形抵抗に依存するが，先に述べたように，変形抵抗はそのときの組合せ応力，そのときまでに受けた塑性ひずみ，塑性ひずみ速度，温度などの影響を受ける．有限要素解析では，材料の力学的挙動に関する法則（材料構成則あるいは材料モデル）に，これらの因子のうち，対象としている塑性加工にとって影響の大きいものを優先的に考慮しておく必要がある．例えば，異方性材料の冷間での板材成形では，

組合せ応力，ひずみ履歴の影響を考慮できる材料モデルが必要となる．あるいは，熱間鍛造では，組合せ応力の影響としては等方性を仮定することが多いが，用いる材料に応じて，ひずみ，ひずみ速度，温度の影響を考慮する必要がある．一般に，材料モデルはこれらの因子への依存性を種々の関数を使って近似しており，その近似式が持つ定数のうち材料ごとに決める必要があるものを材料パラメータと呼ぶ．そして，これらの因子をさまざまに変化させて変形抵抗を測定し，それらの測定値に最もよく一致するように材料パラメータの値が決定される．変形抵抗を測定する材料試験には引張試験（6.2.1項参照）や圧縮試験（6.2.2項参照）などがある．

材料が塑性変形するときの変形抵抗におよぼす組合せ応力の影響は降伏関数で表され，等方性材料では Huber-von Mises の降伏関数（式 (2.23)），異方性材料では，例えば，Hill の二次異方性降伏関数（式 (2.30)）などが用いられる．異方性材料の場合，材料パラメータとして降伏関数の係数の値を決める必要がある．種々の方向への引張試験で測定された応力や多軸試験で測定された応力を用いて求めるほか，塑性ひずみ増分テンソルが降伏曲面と垂直であると仮定した材料モデルの場合には r 値（3.2.2項）を用いて求めることもできる．例えば，板材の r 値が面内のどの方向にも $\bar{r}$ であり，板厚方向に1であると仮定すると，式 (2.30) の係数 F, G, H, L, M, N は以下のように導出できる．

$$F = G = \frac{1}{\bar{r}+1}, \quad H = \frac{\bar{r}}{\bar{r}+1}, \quad 2L = 2M = \frac{3}{2}, \quad 2N = \frac{2(2\bar{r}+1)}{\bar{r}+1} \quad (2.35)$$

変形抵抗に及ぼす塑性ひずみの影響を考慮するモデルには等方硬化モデルと異方硬化モデルがある．一般的な塑性加工の変形ではひずみ経路が変化する履歴を経るが，このとき，変形抵抗が相当塑性ひずみ増分の積分値のみの関数として変化し，ひずみ経路の変化に依存しないと仮定したものが等方硬化モデルである．式 (2.28) は等方硬化を前提とした降伏条件式であり，右辺として，例えば，式 (2.7)，式 (2.8)，式 (2.9) などが用いられる．ただし，このとき，$\varepsilon = \int \overline{d\varepsilon^p}$ である．一方，異方硬化モデルはひずみ経路の変化に応じた変形抵抗の変化を表すことができる．例えば，板材の絞り曲げ加工後のスプリング

2.5 鉄鋼材料の変形抵抗の定式化

バックは，材料がダイ肩を通過する際に曲げ・曲げ戻し変形を受けるため，反転負荷時に変形抵抗が低下するバウシンガー（Bauschinger）効果の影響を受ける．解析精度を高めるには，バウシンガー効果を考慮して除荷（離型）前の残留応力を算出しておく必要があり，異方硬化モデルが必要となる．異方硬化モデルの代表的な例は，式 (2.28) の左辺の相当応力を応力テンソル σ_{ij} と背応力テンソル α_{ij} の差の関数とし，背応力がひずみ経路の変化に応じて発展すると仮定したモデルである．

$$\bar{\sigma}(\sigma_{ij} - \alpha_{ij}) = H\left(\int \overline{d\varepsilon^p}\right) \tag{2.36}$$

ここで，背応力がつねに零で右辺のみが発展すれば等方硬化モデルに帰着する一方，右辺が定数で背応力のみが発展すれば移動硬化モデルとなる．すなわち，式 (2.36) の異方硬化モデルは等方硬化モデルと移動硬化モデルを組み合わせたもので，混合硬化モデルと呼ばれる．これまでに板材のスプリングバックの解析に有効な種々の混合硬化モデルが提案されている[21),22)]．これらの材料パラメータの同定には引張り-圧縮の反転負荷試験が必要である[23),24)]．圧縮試験での座屈が問題となる板材では単純せん断試験による反転負荷試験も有効である[25)]．

変形抵抗に及ぼすひずみ速度や温度の影響についてはすでに 2.5.1 項および 2.5.2 項に述べた．式 (2.13) と (2.15)，式 (2.16)，式 (2.19)，式 (2.20) などの近似式を用いる場合，実験データにフィッテングして材料パラメータを求める．あるいは，各種のひずみ速度や温度での変形抵抗の実測値を表形式で与えておくだけで，自動的に内外挿して解析するソフトウェアもある．変形抵抗のひずみ速度依存性や温度依存性は鍛造の解析に必要となることが多く，その測定にはおもに圧縮試験が用いられる．特に，摩擦拘束の影響を回避する方法として提案された端面拘束圧縮試験が簡便である[26)]．これは同心円状溝付き拘束圧板で端面を拘束したまま円柱試験片を圧縮し，あらかじめシミュレーションで圧縮率ごとに求めていた荷重と相当塑性ひずみを用いて変形抵抗とひずみの関係を導出する方法である．より詳しくは，例えば，文献を参照された

い[27]．

 そのほか，板材成形のスプリングバックや面ひずみの解析では弾性係数も必要となる．一般に，等方弾性体を仮定してヤング率とポアソン比を与える．板材のスプリングバック解析に対しては，除荷・反転負荷時の応力とひずみの関係が早期に非線形に遷移するという実験事実を踏まえ，弾性係数に塑性ひずみ履歴依存性を導入したモデルが提案されている[22]．

 塑性加工の有限要素解析では，変形抵抗のほかに，破断の評価にも材料パラメータが必要となる．有限の要素サイズで連続体を表現する有限要素法では，変形の局所化や分離を伴う破断現象を，直接，再現することは容易でない．一般には，解析の結果として得られる指標がある臨界値を超えたとき破断が起きると仮定して加工の成否を判定する．以下に板材成形と鍛造の代表的な破断評価の材料パラメータについて簡単に述べる．

 板材成形の場合，破断の指標としてひずみを，臨界値として成形限界線図（forming limit diagram, FLD）または穴広げ率（素板端部からの破断の場合）を用いることが多い．すなわち，素板内部の破断については板面内の最大主ひずみと最小主ひずみの組合せがFLDを超えたときに破断とみなす．FLDについては3.1節を参照されたい．一方，素板端部からの破断（伸びフランジ破断）については端部の要素の外周に沿ったひずみが穴広げ率を超えたとき破断とみなす．穴広げ率については3.2.3項を参照されたい．臨界値を求める試験の結果は，工具形状，材料拘束，潤滑条件，せん断加工条件（穴広げ率の場合）などの影響を受けることがある．また，破断ひずみはひずみ経路依存性を有するため，複雑なひずみ経路を経る加工の場合には単純な経路の試験結果とは必ずしも一致しない．さらに，破断部近傍は前駆段階としてひずみの局所化が生じているため，限界ひずみを測定する際の評点距離と解析に用いる要素サイズは同程度が望ましい．

 鍛造の場合，延性破壊モデルを用いて破断を評価することが多い．一般には，ボイド体積率などの材料の損傷を表す指標が臨界値を超えたときに破断とみなす．モデルで用いる材料パラメータや破断指標の臨界値は，据込み割れや

内部割れなど，対象となる破断モードごとに実験を行い，解析との合わせ込みを行って同定する．延性破壊条件式については4.1.2項に触れているが，実用性の点ではより簡単な現象論的モデルが多用される．これらの詳細は，例えば，文献を参照されたい[28]．

変形抵抗と破断に関する材料パラメータのほかに，材料の密度が必要となる解析方法もある．塑性加工の有限要素解析の解法には力のつり合い方程式を解く静的陰解法と運動方程式を解く動的陽解法があり，後者では材料中の力の伝搬を考慮するための材料物性値として密度と弾性係数を用いている．特に，材料中の力の伝搬速度に対して現象時間が長い塑性加工の解析では，時間増分を大きくして計算時間を短縮するために，意図して材料の密度を大きくすること（マススケーリング）もある．ただし，計算結果に及ぼす慣性の影響が小さいことが必要である．

実際の解析ではすでにソフトウェアに組み込まれている材料モデルや材料データベースから適切なモデルと材料パラメータを選択して使うことが多い．その場合でも，ここで述べた材料の取扱い方を理解したうえで，解析の目的や加工の条件，用いる材料に応じて，適切な材料モデルや材料パラメータを用いたい．

2.6 高強度化の材料開発

材料の高強度化は重要な研究課題である．特に，自動車用の構造材料では，高強度化により使用する鋼材の板厚を薄くして軽量化を図ることが，燃費と走行性の向上につながるため，積極的に開発が進められている．しかし，**図2.14**に模式的に示すようになんらかの工夫をしないと強度の上昇に伴い延性が低下し，軟質材に代えて高強度の材料を成形しようとすると，多くの場合，厳しい成形部位で割れが生じることになる．それゆえ，開発の目標は図中の矢印で示すように前述した強化機構を生かして高強度化を図ると同時に，延性の低下を極力抑えることができる組織制御が重要になる．これらの強度-延性バ

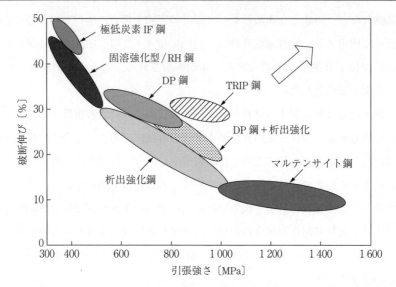

図 2.14 さまざまな組織の炭素鋼の強度延性バランス

ランスに優れた鋼板の開発については 8 章で紹介する．

引用・参考文献

1) Takeda, K., et al.：ISIJ International, **48**（2008），1122.
2) Irvin, K. J., et al.：JISI, **187**（1957），292.
3) 新日鐵住金（株）編著：カラー図解「鉄の薄板・厚板がわかる本」，（2009），日本実業出版社，19.
4) 橋爪伸：塑性と加工，4-34（1963），733.
5) 矢田浩ほか：日本金属学会報，**29**（1990），430.
6) 酒井拓ほか：鉄と鋼，**67**（1981），2000.
7) 瀬沼武秀ほか：同上，**70**（1984），1392.
8) 吉江淳彦ほか：同上，**80**（1994），908.
9) 美坂佳助ほか：塑性と加工，**79**（1967），414.
10) 美坂佳助ほか：鉄と鋼，**67**（1981），A53.
11) 志田茂：塑性と加工，**103**（1969），610.
12) 浜渦修一ほか：CAMP-ISIJ, **1**（1988），482.

13) Minami, K., et al.：ISIJ International, **36**（1996), 1507.
14) Osakada, K., et al.：J. Mech. Working Technol., **2**-3（1978), 241.
15) 志田茂：塑性と加工, **13**-143（1972), 935.
16) 友田陽ほか：特基研究会変形特性の予測と制御部会報告書，日本鉄鋼協会編，東京，（1994), 258.
17) Hill, R.：塑性学［鷲津ほか訳］,（1954), 13, 培風館.
18) 同上, 313.
19) Hill, R.：Math. Proc. Camb. Phil. Soc., **85**（1979), 179.
20) 山田嘉昭：塑性力学,（1965), 88, 日刊工業新聞社.
21) Chaboche, J. L.：Int. J. Plasticity, **7**（1991), 661.
22) Yoshida, F. & Uemori, T.：同上, **18**,（2002), 661.
23) 上森武ほか：塑性と加工, **42**-480（2001), 64.
24) 桑原利彦ほか：同上, **36**-414（1995), 768.
25) 鈴木規之ほか：同上, **46**-534（2005), 636.
26) Osakada, K., et al.：CIRP Annals, **30**-1,（1981), 135.
27) 小坂田宏造ほか編著：精密鍛造,（2010), 日刊工業新聞社, 28.
28) 小坂田宏造ほか編著：同上,（2010), 日刊工業新聞社, 49.

3 成形性と材料支配因子

　本章ではプレス成形を中心に成形性と,それを支配する材料因子について述べる.同じ強度の鉄鋼材料でも組織を制御することで,その成形性は大きく変化する.また,成形性といっても,張出し性,深絞り性,伸びフランジ性,曲げ性などいろいろな成形性があり,それらに対して適切な組織制御が存在することを紹介する.

3.1 塑性加工における成形限界

　塑性加工における成形限界は,プレス成形の場合は割れや大きなくびれが生じること,またしわが生じて品質が確保できないことなどにより決まる.圧延の場合は図 3.1 に示す種々の割れ[1])のほかにも,変形抵抗の増加で現れやすい中伸び,エッジ伸びなどの形状不良や圧延機ならびにロールの剛性や強度不足のために所定の板厚を達成できないことによる成形限界もある.鍛造の場合も

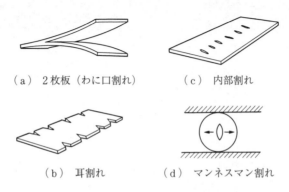

（a） 2枚板（わに口割れ）　　（c）　内部割れ

（b）　耳割れ　　（d）　マンネスマン割れ

図 3.1　圧延における材料破壊の代表例[1])

図 3.2 に示すようなさまざまな割れ[2]のほかに顕著な表面しわの発生や変形抵抗が高く所定の寸法に成形できないことによる成形限界がある．また，座屈現象も成形限界を決める．

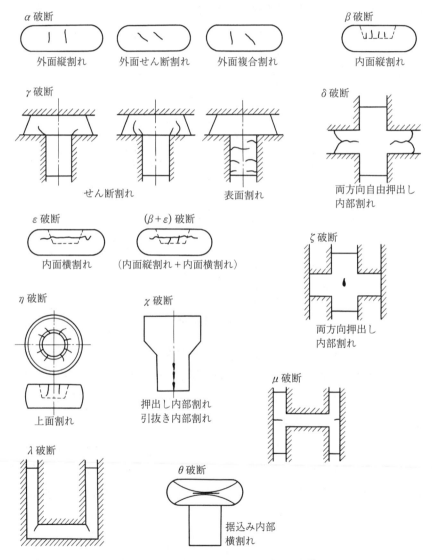

図 3.2　冷間鍛造における材料破壊の分類[2]

板材のプレス成形における成形限界は，それぞれの材料で求められる成形限界曲線（FLD）で表すことができる．その一例を**図 3.3**に示す．縦軸に最大主ひずみ ε_1，横軸に最小主ひずみ ε_2 を取って，それぞれ異なった ε_1, ε_2 の状態で割れの発生あるいは限界と定めた板厚減少量に達したときの値を限界値としてプロットする．結晶粒径が 50 μm 以上の材料では加工度の増加に従ってオレンジピールと呼ばれる表面欠陥（肌荒れともいわれる）が顕在化するので，その加工度が成形限界となることもある．

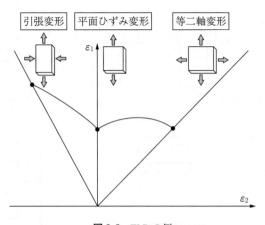

図 3.3 FLD の例

FLD の代表的な求め方は中島法[3)]と呼ばれる方法で，グリッドが描かれた幅の異なる短冊形の板を張出し成形して，割れ発生部の ε_1, ε_2 を求めることで FLD を描くことができる．FLD の有効な使い方として，有限要素法（FEM）で算出した成形部品の各部の ε_1, ε_2 を FLD 上にプロットすることで，ひずみが限界を超えるか否かを判断することができる．成形限界を超える部分がある場合は金型形状を変更して，改めて FEM 計算を行って成形限界以内に収まるような金型の設計変更を行うか，より優れた成形性を示す材料を選択する．

3.2 成形性に及ぼす材料の影響

 成形性は，温度，ひずみ速度，潤滑などにより大きく影響されるが，ここでは材料因子の影響について述べる．材料特性を表すものの一つに変形応力挙動がある．引張荷重に対して，くびれは最大荷重点で発生すると考えるとひずみ速度一定の単軸引張りの場合，$d\sigma/d\varepsilon = \sigma$ がくびれ発生の条件式になる．そして，変形応力が式 (2.16) のように $\sigma = B\varepsilon^n \dot{\varepsilon}^m$ と近似できるとすると，上式は $\varepsilon = n$ となる．n は加工硬化率で，ここでの ε は均一伸びを表す．すなわち，応力のひずみ依存性から成形性を推測することができる．n 値が高いことでくびれが発生しにくくなるのは，くびれが発生しようとして局所的にひずみが増加すると n 値の高い材料はその部分が著しく加工強化され，さらなる変形を抑制してくびれの発達を困難にするためである．また，ひずみ速度にも同様のことがいえ，くびれ部はひずみ速度も大きくなるため m 値が高い材料はその部分の強化が進み，くびれの発生，進展が抑制される．このように，引張変形のみで材料を成形する場合は高延性の材料が優れた成形能を示す．しかし，材料は引張り，圧縮，曲げ，ねじり，せん断などいろいろな変形様式の組合せで成形される．このような多様な成形様式でも，成形性を引張試験の延性で評価できるのであろうか．**図 3.4** と **図 3.5** に鋼板の強度-延性バランスと強度-穴広げ性バランスを示す[4]．両図を比較するとよくわかるが，強度-延性バランスに優れた材料が優れた強度-穴広げ性バランスを示すわけではない．延性に優れた材料を穴広げ成形に供すると，低延性の材料より割れやすいという結果になることが多い．すなわち，成形様式により適切な組織制御を行うことの重要性をこれらの図は示している．

 それゆえ，それぞれの成形様式別に材料特性と成形性の関係を論ずる必要がある．まずは **図 3.6** に示すプレス成形における基本的成形様式[5]である張出し性，深絞り性，伸びフランジ性，曲げ性に及ぼす材料特性の影響を述べ，つぎにせん断加工性についても簡単に触れることにする．

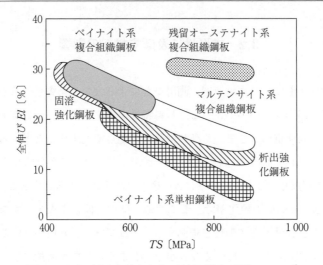

図 3.4　さまざまな組織を有する材料の強度-延性バランス[4]

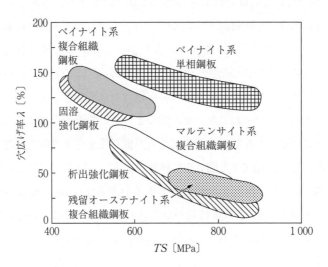

図 3.5　さまざまな組織を有する材料の強度-穴広げ性バランス[4]

3.2.1　張 出 し 性

　張出し成形とは，高いしわ押さえ力で材料のフランジ部が中に流れ込まないようにした変形様式なので材料の伸びが支配因子になる．図 3.7 に示すよう

3.2 成形性に及ぼす材料の影響　75

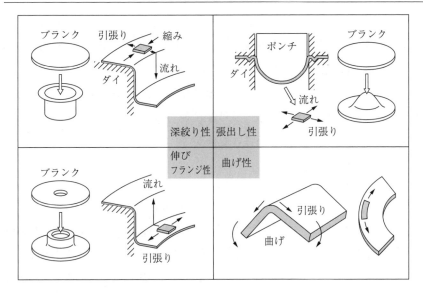

図3.6 変形様式[5]

に，優れた延性を得るには不純物元素を低減させることが重要となる[6]．しかし，高強度鋼板では不純物元素の低減だけでは優れた強度-延性バランスを得ることができない．そこで，8章で述べるDP鋼やTRIP鋼などの組織を制御した鋼板が開発された．詳細は8.3節を参照されたい．

3.2.2 深絞り性

深絞り成形はしわ押さえ力をフランジしわが生じない程度に弱め，ポ

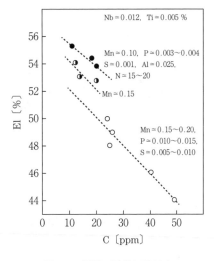

図3.7 鋼板の延性に及ぼす合金元素の影響[6]

ンチによりフランジ部をダイ中に引き込む変形であるので，ポンチ縦壁部（平面ひずみ引張変形）の変形抵抗が高く，フランジ部（せん断変形）の変形抵抗

が低いほど有利である．塑性ポテンシャル理論に従うと，単軸引張りでの塑性ひずみ増分の幅縮み成分が伸び成分に対して大きい材料，すなわち引張試験の均一変形部で板厚の減少に対して幅方向の減少が大きい材料が深絞り成形に適していることになる．それゆえ，この板厚と板幅のひずみ量の変化を式 (3.1) の形で表した r 値が高いと深絞り性は優れる．r 値はその提唱者の名前をとってラングフォード値と呼ばれることもある．

$$r = -\frac{d\varepsilon_w}{d\varepsilon_l} \tag{3.1}$$

深絞り性を向上させる方策として，引張変形時に板厚減が小さく，板幅減が大きくなるすべりを起こす結晶方位を多く持つ集合組織を形成する結晶方位制御がなされている．**図** 3.8 は r 値と結晶方位の関係を示す[7]．{111} 方位は r 値が高く，異方性も小さいため {111} 方位を優先方位に持つ集合組織は深絞り性に好ましい．

ところが，r 値が 1 以下と低いにもかかわらず優れた高強度鋼板が存在する．詳細については 8.3.3 項の TRIP 鋼を参照されたい．

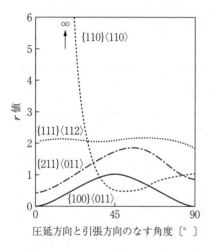

図 3.8 r 値と結晶方位の関係[7]

3.2.3 伸びフランジ性と曲げ性

伸びフランジ性（伸びフランジ性の代表が穴広げ性である．）と曲げ性はともに組織を均質にして割れの起点を作りにくくすることが重要である．強度-延性バランスに優れた鋼板は Dual Phase（DP）鋼（詳細は 8.3.2 項を参照）に見られるように複合組織を呈することが多い．DP 鋼は，軟らかいフェライトと硬いマルテンサイトの複合組織のため硬い相の内部や両相の界面が割れの

起点になりやすい.一方,同じ強度のベイナイト単相鋼は,延性は低いが,組織が均質なため割れの発生が抑制されて,優れた伸びフランジ性と曲げ性を示す.

打ち抜き加工をされた材料の伸びフランジ性と曲げ性は,機械加工をされた材料に比較すると顕著に低下する.打抜き加工でこれらの特性が顕著に低下するのは打抜き面に多数の欠陥が導入されるためである.その低下代は打抜き破面の状態に依存するため,次節で述べるせん断加工性が重要な因子になる.複数の材料の穴広げ試験で,機械加工された穴の穴広げ加工では優位であった材料が,打抜き穴での穴広げ試験では劣位になることも散見されるので注意を要する.

穴広げ性は穴広げ加工によってき裂が板厚を貫通したときの穴径 d と初期穴径 d_0 を用いた穴広げ比 $(d-d_0)/d_0$ で評価される.穴広げ比の低い材料は初期割れの発生数が少なく,一つの割れが急速に進展して貫通割れを引き起こすことが多い.特に,材料に異方性があると最弱点方向で割れが進展する.その代表例が MnS が圧延方向に伸長した材料で,この場合は圧延方向に並行な面に貫通割れが見られる.そのほかにも結晶粒の扁平率の大きい組織異方性を呈する材料も同じような挙動を示す.一方,組織が均質で異方性の小さい材料は初期割れが局所化せず全体に発生することで,応力緩和を起こし一部の割れ部への応力集中が抑制され,貫通割れの進展が抑制される.

3.2.4 せん断加工性

せん断加工の代表が板材のトリミングやピアシングの打抜き加工である.図3.9 に打抜き破面の模式図を示す.破面はだれ,表面が比較的滑らかなせん断面,欠陥が多く凸凹が激しい破断面,そしてバリによって構成されている.これらの構成比率は材質,工具と材料のクリアランス,せん断工具のエッジの角度,せん断温度などに影響される.打抜き面には引張りの残留応力が存在し,その後の

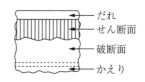

図3.9 打抜き面の模式図

穴広げ加工や疲労破壊，遅れ破壊に大きな影響を及ぼす．クリアランスは打抜き力，残留応力，破面形態に影響を与えるせん断加工の重要な調整パラメータである．クリアランスを狭くするとせん断寸法精度の向上，だれ，バリの低減，せん断面/破断面比率の増加などをもたらす一方，せん断力ならびに表面引張残留応力が増加する．それゆえ，クリアランスには必要特性に応じて最適値が存在する．特に，高強度材料ではせん断力の増加によりせん断工具の寿命の短縮，疲労破壊ならびに遅れ破壊の危険性の増加などが問題になり，クリアランスならびにせん断工具のエッジの角度を調整して，工具に働く応力ならびに表面引張残留応力を下げる対策がなされている．詳細については本シリーズ「せん断加工」を参照されたい．

　ここでは，打抜き性に及ぼす材質の影響について述べる．材料の打抜き性の評価指標の一つとしてせん断面/破断面比率が挙げられる．破断面はマイクロクラックなどの欠陥が多く，粗さも大きいので，疲労破壊や遅れ破壊の感受性が高い．それゆえ，せん断面/破断面比率が高い材料が打抜き性の良い材料として評価される．この観点での打抜き性は伸びフランジ，曲げ性と同様にき裂が発生しにくい組織の均質化が有効である．すなわち，DP鋼やTRIP鋼より，同じ強度ならばベイナイト単相鋼や焼戻しマルテンサイト鋼のほうがせん断面/破断面比率は高くなる．

3.2.5　成形性に及ぼす温度，ひずみ速度の影響

　材料の変形能は温度のよって大きく変化する．直感的にも温度が高くなると金属でも飴のように伸びるイメージがあり，変形能が増すと考えられる．しかし，実際には変形能に及ぼす温度の影響は単純ではなく，炭素鋼の引張試験では250～300℃の温度範囲で動的ひずみ時効に伴う青熱脆性と呼ばれる変形能の低下がみられる．この現象はひずみ速度にも依存し，鍛造のようにひずみ速度が高くなると青熱脆性温度は400～600℃程度に上昇することが知られている．これは動的ひずみ時効がC，Nの拡散速度と転位の移動速度が同程度になるとき起こるので，高ひずみ速度変形で転位の移動速度が速い場合は，それに

対応してC，Nの拡散速度が高い高温域で青熱脆性が起こるためである．また，α-γ変態点（700～900℃）付近の二相共存域における脆化，900～1200℃付近におけるγ粒界への硫黄の偏析や準安定相の析出による脆化，さらに固相線温度近傍（融点直下）における赤熱脆性などによっても変形能が低下する．

bcc，hcp構造の材料は低温になるとすべりを担う転位の運動に対する抵抗が著しく高くなり，脆性的な破壊が起こることが知られている．一方，fcc構造の材料では特定のひずみ速度に対して，**図3.10**のように低温域で高い変形能を示す場合がある[8]．この特性を利用したアルミニウム板の低温成形が提案されている．ただし，この現象はひずみ速度にも影響を受け，図に見られるように高ひずみ速度では極低温で再び成形性は低下する．

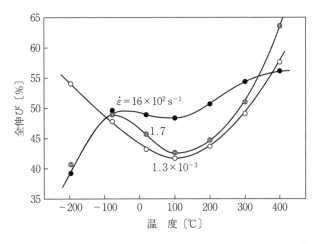

図3.10 市販純アルミニウムの変形能の温度，ひずみ速度依存性[8]

最近注目されている，ホットスタンピング技術では，その張出し性が成形温度の低下に伴って向上することが報告されている[9]．ホットスタンピング技術の詳細については9.2節を参照されたい．

引用・参考文献

1) 加藤健三：塑性と加工，**13**-135（1972），278.
2) 岡本豊彦ほか：同上，**13**-135（1972），251.
3) 中島浩衛：同上，**11**-109（1970），112.
4) 十代田哲夫：同上，**46**-534（2005），570.
5) 林豊：第40回塑性加工学講座（塑性加工学会）「板材成形」テキスト，(1985)，55.
6) 山崎一正ほか：鉄と鋼，**73**（1987），S1337.
7) 北川孟ほか：同上，**56**（1976），1339.
8) 大森正信ほか：日本金属学会誌，**36**-8（1972），803.
9) 瀬沼武秀ほか：鉄と鋼，**100**（2014），1481.

4 破壊と材料支配因子

材料の破壊は人身事故など重大災害につながることがあるため，モノづくり技術者として破壊を防止する材料選択の知識はきわめて重要である．特に，疲労破壊，遅れ破壊，応力腐食割れなどは，なんの前兆もなく突然起こるきわめて危険な破壊である．そこで，本章では各破壊現象の機構を述べ，それを抑制する組織制御について説明する．

4.1 延性破壊

4.1.1 延性破壊の機構

金属材料の破壊には，延性破壊，脆性破壊，（高温）クリープ破壊，疲労破壊，遅れ破壊，応力腐食割れなどがある．ここではまず延性破壊について述べる．図4.1に金属材料の延性破壊過程を模式的に示す[1]．延性破壊は，塑性変形に伴って材料中に存在する第二相粒子，粒界などを起点として微小ボイドが生成し，それらが成長，合体することで巨視的な破壊に至る現象である．第二相粒子とは，析出物（母相以外の変態相も含む，例えばフェライト母相に生成したマルテンサイト）や製鋼時に

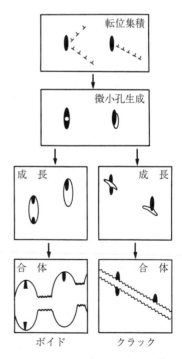

図4.1 延性破壊過程の模式図[1]

生成する非金属介在物である．破面上のボイドはディンプルとして観察される．ボイドの発生状況は第二相粒子の形状，大きさ，強度特性や母相の強度，結晶粒径などに影響される．界面剥離に起因するボイドの発生では第二相粒子が大きいほどボイド発生限界塑性ひずみは小さくなり，球状粒子より，棒状粒子のほうが発生しやすい傾向がある．

一方，高純度の単相金属の場合は，核となる第二相粒子が存在しないためにボイドは形成されず，すべりの結果として表面積だけが増大する典型的なすべり面分離となる．この場合には，絞りがほぼ100％に達するような著しい塑性変形のあとに，点状またはチーゼルエッジ（のみの刃）状の破壊が生じる．

4.1.2 延性破壊条件式

いろいろな仮定に基づき，延性破壊を予測するさまざまな条件式が提案されている．ここでは，最近よく用いられる Gurson-Tvergaard-Needlman (GTN)の予測式について説明する．この式は Gurson が提案した式[2]を Tvergaard と Needlman が修正を加えて予測精度を高めたものである[3]．Gurson は多孔質体の降伏関数として式 (4.1) を提案した．

$$\Phi = \frac{3}{2}\frac{\sigma'_{ij}\sigma'_{ij}}{\sigma_M^2} + 2q_1 f \cosh\left(\frac{q_2 \sigma_{kk}}{2\sigma_M}\right) - q_3 f^2 - 1 = 0 \tag{4.1}$$

ここで，σ_M は母相の相当応力，q_1, q_2, q_3 は修正係数で $q_1=1.5$, $q_2=1$, $q_3=2.25$ とすると実験結果とよく合うことが知られている．また，式 (4.1) はボイドの体積率 f をゼロとすると Mieses の降伏条件になる．f の時間に伴う増加は生成 f_{nuc} と f_{grow} 成長によって式 (4.2) のように表すことができる．

$$\dot{f} = \dot{f}_{nuc} + \dot{f}_{grow} \tag{4.2}$$

彼らは $\dot{f}_{nuc}$ を式 (4.3)，(4.4) で定式化した．この式は母相のひずみ $\bar{\varepsilon}_M$ が ε_N になったときにボイドの生成速度が最大になるような確率分布を示している．S_N はそのときの標準偏差，f_N はボイドの生成サイトとなる介在物の体積率である．

$$\dot{f}_{nuc} = D\dot{\bar{\varepsilon}}_M \tag{4.3}$$

$$D = \frac{f_N}{S_N\sqrt{2\pi}} \exp\left[-\frac{1}{2}\left(\frac{\bar{\varepsilon}_M - \varepsilon_N}{S_N}\right)^2\right] \tag{4.4}$$

一方,ボイドの成長項は式 (4.5) で与えている.

$$\dot{f}_{grow} = (1-f)\dot{\varepsilon}_{kk} \tag{4.5}$$

また,Tvergaad はボイドの増加に伴いボイドどうしの合体が起こるとき ($f > f_c$) のボイド体積率を式 (4.6) のように修正した.

$$f = f_c + \frac{1/q_1 - f_c}{f_f - f_c}(f - f_c) \tag{4.6}$$

ここで,f_c, f_f は,それぞれボイドが合体する臨界ボイド体積率と破断時のボイド体積率である.

これらの式を用いてボイドの体積率を求め,その値が臨界値を超えたときに破壊が起こると仮定することで,延性破壊を予測する.詳細については文献を参照されたい[4].

4.2 脆性破壊

延性破壊が大規模な塑性変形を伴って起こる破壊に対して,脆性破壊はすべり変形がほとんど起きない降伏応力以下の負荷で急速に起こる破壊である.脆性破壊の特徴は破面が晶壁面となる劈開破壊であり,応力支配,最弱支配型の破壊形態を示す.すなわち,ある一点への応力集中により理想強度を超える応力が局部的に働き原子間結合が壊される現象である.ちなみに,延性破壊はひずみ支配,平均支配型の破壊形態である.脆性破壊は最弱支配型なため一点大きな欠陥が存在するとそこから破壊が起こるため,本質的に破壊強度はばらつきが大きい.また,溶接部の欠陥(溶接割れや気泡やスラグの巻込みなど)のように施工者のスキルが大きな影響を及ぼす結果にもなる.

最弱支配の意味するところは添加元素の偏析や介在物の存在なども挙げられるが,最も重要なのは最大のき裂長さを持つ欠陥である.**図 4.2** は脆性破壊が起こる臨界のき裂長さとそのときの応力を示す.このように材料内に大きなき

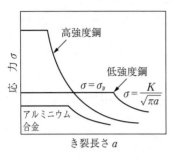

図 4.2 き裂長さと破壊強度の関係

裂が存在すると降伏応力以下で破壊が起こる．変形が感知できない状態で破壊が起こるため，危険予知が難しく重大災害に結びつく可能性が高い危険な破壊である．脆性破壊を未然に防ぐには材料内に存在する最大のき裂長さをモニターする必要がある．モニター方法として超音波探傷などが用いられている．

ただし，靭性値の低い材料（例えば，アルミニウム合金）では破壊が起こる臨界のき裂長さが小さいため，適用する探傷法によっては感知できないことがあるので注意を要する．

この臨界のき裂長さと応力の関係は次式で与えられる．

$$\sigma_0 = \frac{K_I}{\sqrt{\pi a}\, F} \tag{4.7}$$

ここで，σ_0 は脆性破壊応力，a は亀裂長さ，F は試片形状因子，K_I は材料の成分，組織に依存する材料特性値で応力拡大係数といわれる破壊靭性値の一種である．この値は bcc，hcp 構造の材料ではある温度以下の低温になると顕著に低下することが知られている．

図 4.3 に 6.2.8 項で説明するシャルピー衝撃試験の結果の一例を示す．横軸に試験温度，縦軸に衝突吸収エネルギーをプロットすると，吸収エネルギーは高温域で延性破壊を示す上部棚エネルギーと，低温域で脆性破壊を起こす下部棚エネルギーに二分化される．その遷移域と

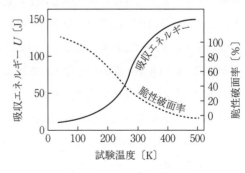

図 4.3 シャルピー試験結果

なる温度を延性-脆性遷移温度という．試験片の延性破面と脆性破面が 50%-50% となる温度を破面遷移温度といい，上部棚エネルギーと下部棚エネル

ギーの丁度中間の吸収エネルギーを示す温度をエネルギー遷移温度と呼ぶ．結晶粒の微細化はこれらの遷移温度を低温側にシフトし，使用温度域を拡張する有効な手段となる．遷移温度が結晶粒径の$-1/2$乗に比例することはよく知られている．しかし，上部棚エネルギーは結晶粒の微細化で低下することもあるので，吸収エネルギーの観点では必ずしも結晶粒微細化が有利というわけではない．上部棚エネルギーは高速変形（衝撃変形）時の応力-ひずみ曲線の面積を意味するので，高ひずみ速度変形で強度の上昇に対して延性の低下代が大きいと変形エネルギーが低下することになる．すなわち，組織微細化は強度を高めるが，条件によっては伸びの低下が大きくなり，変形エネルギーが小さくなることもありうるということを意味している．しかし，実際には材料を脆性域で使用することを回避することが問われているため遷移温度を下げる手段が重要となり，結晶粒微細化が積極的に行われている．

　通常，合金元素の増加は基本的に破壊靭性値を下げる．**図 4.4** は焼ならしされたフェライト・パーライト組織のシャルピー衝撃エネルギーに及ぼす C の影響を示すが，C の添加量が増加すると遷移温度が上昇するだけでなく，上部棚エネルギーも低下する[5]．同じ C 量でもベイナイト組織や焼入れ，焼戻し組織では衝撃試験結果は大きく異なる．それゆえ，単純に破壊靭性値を添加成分の式として与えることはできない．マルテンサイト鋼の焼戻し脆化のところで述べるように，焼戻し温度に応じで形成されるセメンタイトの形態が変わるこ

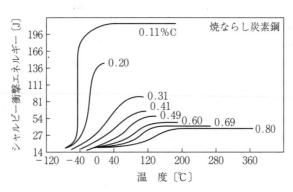

図 4.4　C量の異なる材料のシャルピー試験結果[5]

とで，破壊靱性値は大きく変化する．遷移温度がセメンタイト粒径の $-1/2$ 乗に比例するという結果も報告されている．下部ベイナイト組織が高靱性を示す理由としてセメンタイトの微細化が挙げられている．また，粒界強度を低下させる P, Sn, Sb, S などの低減が破壊靱性値の顕著な向上をもたらす．Ni は延性-脆性遷移温度を低温側にシフトする唯一の合金元素である．そのメカニズムについて転位論的な説明が最近報告されている[6]．

また，破壊靱性値は一般に異方性を持つので注意を要する．制御圧延などにより結晶粒が扁平な場合や，MnS のような圧延時に圧延方向に容易に延ばされる析出物が多く存在する場合は圧延方向と，それに垂直な方向では大きく異なる破壊靱性値を示すことが知られている．安全を考えると基本的には圧延方向に垂直方向の破壊靱性値を用いることが推奨される．

ところで，式 (4.7) に試験片形状因子 F が考慮されるように，破壊靱性値は部材の寸法，形状によっても大きな影響を受ける．応力拡大係数で表された破壊靱性値が板厚の $-1/4$ 乗に比例することが理論的にも求められている．

厚板部材で靱性値が重要な特性値であるのに対して，薄板部材であまり議論の対象にならないのはこの板厚依存性ならびに部材の構造自体のしなやかさに負うところが大きい．

4.3 疲労破壊

疲労による破壊は全体の破壊現象の 7〜8 割を占めるといわれる．疲労破壊は高サイクル疲労と低サイクル疲労に大別される．高サイクル疲労は降伏応力以下での繰返し応力変動で起こる疲労現象である．降伏応力とは多くの転位が動き，マクロ的な変形が観察される応力であるが，これ以下の応力でも局部的には転位の生成，移動は起こり，図 4.5 に示すように部材の表面にすべりによる凸凹が形成される．それが繰り返されることでき裂に発展する．このき裂は初期段階ではすべり面に沿って進展するが，ある程度の大きさになると引張方向に垂直な方向に変化する．

4.3 疲労破壊

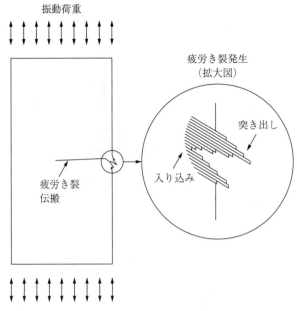

図 4.5 疲労き裂の表面での発生箇所

　また，疲労の起点は表面だけではなく，欠陥部に応力が集中することで材料内でも存在する．疲労起点の代表的な箇所が溶接部である．溶接部は形状の凸凹による応力集中が起こるだけでなく欠陥の生成や組織の粗大化なども起こり，疲労破壊の最弱部であるといっても過言ではない．また，溶接作業は作業者のスキルによって左右されるため欠陥状態の予測が難しい問題も内包している．**図 4.6** は溶接部の欠陥の例を示す．また，**図 4.7** は溶接時の入熱による組織変化の状態を模式的に示す．

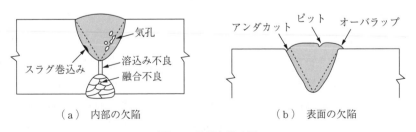

図 4.6 溶接欠陥の例

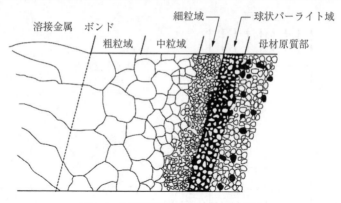

図4.7 溶接部近傍の組織変化の模式図

一方,低サイクル疲労は塑性疲労とも呼ばれ,降伏応力以上の繰返し荷重によって起こる疲労現象で上記のき裂の形成が早期に起こる.

図4.8は繰返し応力とこの応力変動下で破壊に至るまでの繰返し数をプロットしたもので,S-N線図と呼ばれる.図(a)に示すように鉄鋼材料は通常,ある応力以下では繰返し負荷を受けても破壊が起きない.これを疲労限という.一般に,10^7回の繰返し負荷で破壊しない限界の応力を疲労限とすることが多い.長期にわたる繰返し荷重を受ける部材の場合,この応力以下での使用が必須となる.一方,アルミ合金,銅合金,プラスチックなどは図(b)に示

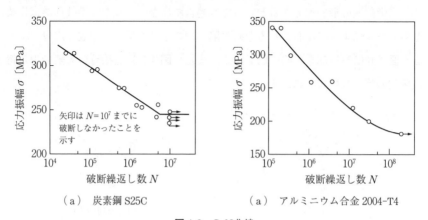

(a) 炭素鋼 S25C　　　　　(a) アルミニウム合金 2004-T4

図4.8　S-N 曲線

すように，このような疲労限は示さず，繰返し数の増加に伴い，単調に低下するので注意を要する．しかし，これらの材料の疲労強度を便宜上 10^7 回の繰返し負荷で破壊しない限界の応力で表すことがある．

疲労強度は一般に引張強さの高い材料が高くなる．疲労限／引張強さの比を疲労限度比といい，鉄鋼材料では広範囲の強度で 0.4 ～ 0.6 の値を示すが，アルミ合金の場合は図 4.9 に示すように，引張強さが大きくなるに従って，この強度比は減少し，引張強さが 200 MPa では約 0.5，600 MPa では約 0.3 となる．疲労強度を高めるには材料を高強度化するとともに，できるだけ疲労限度比が高いほうが望ましい．このように高い疲労限度比を得るには適切な組織制御が必要になり，高強度鉄鋼材料では後述する DP 鋼や TRIP 鋼などの複合組織鋼が高い疲労限度比を示す．

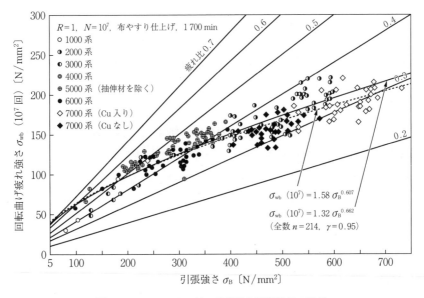

図 4.9 アルミニウム材の疲労限と引張強さの関係

ここで示した疲労限度比は疲労試験片にノッチがない場合の実験結果であるが，疲労破壊部に応力集中が起こるようにすると高強度化しても疲労限の上昇は見られなくなる．その一例を図 4.10 に示す．回転する段付き軸の段部の曲

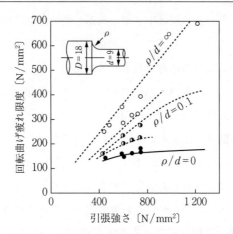

図 4.10 各種強度材料の疲労強度に及ぼす段付き部の曲率の影響

率半径が小さくなり，そこでの応力集中が高まると疲労強度は引張強さが上昇しても高くならないことを示している．実部品では応力集中部を避けるのが難しいため材料の高強度化で疲労強度を高めるには限界がある．その具体例として，疲労強度が重要な自動車のホイール材でハイテン化が進まないのはその理由による．

　低サイクル疲労が作用する部材の寿命は，部材の設計時に作用する応力変動値より，限界繰返し数を求め，安全率を考慮して，特定の繰返し数に達した時点で部材が寿命に達するとして廃棄するか交換する必要がある．例えば，1 回の飛行で大きな圧力変動による繰返し荷重を受ける飛行機の骨格材の場合は飛行回数が寿命を決めることになる．

　疲労強度を高めるには欠陥ならびに応力集中の回避，適切な組織制御，圧縮の残留応力の付与，表面品質の向上，腐食の抑制（特に，孔食，応力腐食）が有効である．

4.4 水素脆化と遅れ破壊

材料の高強度化に伴って水素脆化の問題が顕在化する．水素脆化とは材料中に水素が存在することにより，特性が劣化することを総称していうが，特に問題視されるのは，いままで使用していた部材が水素の侵入により突然破壊する遅れ破壊現象である．遅れ破壊の発生の必要条件は，① 水素が存在する，② 材料の強度が高い，③ 引張応力が作用する．それぞれが多くあるいは高くなることで，遅れ破壊が起こる可能性は高まる．図 4.11 に遅れ破壊強度に及ぼす材料の引張強さの影響を示す．引張強さが 1 200 MPa を超すと遅れ破壊の危険性が増す[7]．

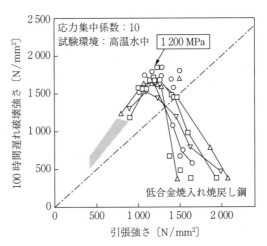

図 4.11 遅れ破壊強さに及ぼす材料強度の影響[7]

遅れ破壊が特に問題になるのが高力ボルトで，ボルトは降伏強度の 8〜9 割程度の応力で締め付けられた状態で使用されるため，高い引張応力が作用し，高強度の材料を用いると，腐食反応により鋼中に許容値以上の水素が入ることで遅れ破壊が起こる．事実，ボルトの高強度化の過程で遅れ破壊が頻繁に発生し，一時，高強度化が断念された時期もあった．しかし，適切な材料開発によ

り，遅れ破壊を起こさない限界許容水素量を高めたことで，ボルトの高強度化が再び進展した[8]．

マルテンサイト鋼の耐遅れ破壊性を向上させる組織制御として，粒界にフィルム上のセメンタイトが生成しない500℃以上の高温での焼戻しが有効であるが，軟化が著しいので必要な強度を達成するために組織微細化やV, Ti, Moなどを添加して微細な合金炭窒化物を析出させ析出強化を図るなどの工夫が必要である．また，この微細析出物は水素のトラップサイトとして作用し，き裂先端への水素の拡散を抑制して，遅れ破壊抵抗を向上させることが報告されている[8]．マルテンサイト組織の微細化も耐遅れ破壊性の向上に有効であることが報告されている[9]．

耐遅れ破壊性の評価法は数多く存在するが，ここには代表的な一例を示す．まず，定荷重試験において吸蔵水素量を変化させ，実使用条件を考慮した，ある時間が経っても破断しない水素量（限界許容水素量 H_c）を求める．つぎに，実際の環境から入ってくる水素量 H_e を求め，その差（$H_c - H_e$）が正なら遅れ破壊に関して安全であると判断する[8]．

遅れ破壊のメカニズムについては諸説あるが，いまだに定説に至っていない．現在有力視されている遅れ破壊のメカニズムとして，① 内圧説，② 水素と転位ならびに空孔との相互作用説，③ 界面結合力低下説がある．内圧説は水素の侵入量が多い環境での破壊で有力視されており，水素原子がボイドなどの欠陥に集積して分子状のガスとして高圧力状態を作り割れの拡大を助長するというものである．水素と転位ならびに空孔との相互作用説は，水素が存在すると転位の生成や易動度を増加させるという実験事実より，き裂の進展を担う塑性変形が水素の存在で助長されるという水素助長局所塑性変形理論が提案されている．また，原因を転位ではなく，塑性変形時に生成する空孔の凝集が水素の存在で助長されることが水素脆化の原因であるとする水素助長ひずみ誘起原子空孔理論も提案されている．界面結合力低下説は第二相が存在する組織で，水素が存在すると母相との界面でボイドの発生が顕在化することなどから有力な説とみられている．これらのメカニズムを見てわかるように遅れ破壊は

急速破壊の一種ではあるが，局部的に転位の発生，移動を伴っており，脆性破壊というより延性破壊の一種と考えられる．水素脆化の詳細については専門書を参照されたい[10]．

4.5 応力腐食割れ

応力腐食割れ（stress corrosion cracking, SCC）とは，引張応力が作用した部材が腐食されることで起こる破壊現象である．応力腐食割れは局部腐食により深いき裂が生成するのが特徴で，局部腐食が起こる不働態被膜を形成する材料で起こる．遅れ破壊のき裂の成長と大きく異なる点は，応力腐食割れではき裂の成長端でつねに腐食が起こっていることである．

応力腐食割れの発生機構には活性経路腐食機構と変色被膜破壊機構が知られているが，大半が活性経路腐食機構で起こるので，その機構を説明する．**図4.12** に模式的に示すように不働態被膜を有する材料に応力が働き，すべり線に沿って表面に段差が生じると不働態被膜が欠落した新生面が生じる(図(a))．不働態化速度の速い材料では，新生面が腐食する前に不働態被膜を生成するの

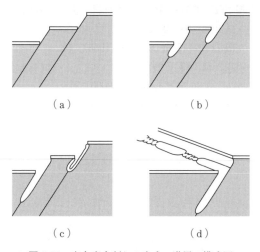

図4.12 応力腐食割れの生成，進展の模式図

で腐食は起こらないが，不働態化速度が遅いと新生面は不働態被膜との腐食電位差で腐食が促進され，材料内部へと局部腐食が進行する（図（b），（c））．このような微視的腐食溝が連結することで割れが生じる（図（d））．不働態被膜を形成するステンレス鋼で，オーステナイト系ステンレスのほうがフェライト系ステンレスより応力腐食割れ感受性が高いのは，オーステナイトのほうがすべり系が少ないために，すべりによって生成する新生面の成長が速く，その面の不働態化が間に合わないためと考えられている．ステンレス鋼の応力腐食割れを抑制する添加元素としては Ni ならびに Mo が知られている．

応力腐食割れは高温ほど起こりやすく，応力腐食割れが起こる臨界温度は SUS 304 では 40〜60℃，SUS 316 では 70〜100℃ といわれている．

引用・参考文献

1) 小坂田宏造：塑性と加工，**17**-187（1976），627.
2) Gurson, A. L.：J. Eng. Mater. Tech., **99**（1977），2.
3) Tvergaard, V.：Int. J. Fract., **17**（1981），389.
4) 大畑充ほか：鉄と鋼，**99**（2013），573.
5) 日本材料学会編：改訂機械材料学，日本材料学会，（2000）．
6) 前野圭輝ほか：鉄と鋼，**98**（2012），667.
7) 山本俊二ほか：R&D 神戸製鋼技報，**18**（1968），93.
8) 山崎慎吾ほか：鉄と鋼，**83**（1997），42.
9) Fuchigami, H., et al.：Phil. Mag. Lett., **86**（2006），21.
10) 南雲道彦：水素脆性の基礎，内田老鶴圃（2008）．

5　材料の（加工）熱処理

　塑性加工と熱処理は密接な関係があり，必要な塑性加工を行うための熱処理，塑性加工後に必要な材料特性を得るための熱処理，塑性加工を行うと同時に必要な材料特性を付与するための加工熱処理がある．例えば，冷延鋼板をプレス加工するには成形性を付与するために加工組織を再結晶組織に変える焼なましが行われる．また，鍛造品の高強度，強靭化を図るために焼入れ・焼戻し処理が行われる．加工熱処理としては制御圧延が有名であり，組織の微細化により鋼の高強度，高靭性化を達成している．本章ではこれらの熱処理について説明する．

5.1　焼なまし（焼鈍）

　焼なまし（annealing）は焼鈍（しょうどん）とも呼ばれ，いろいろな焼なましがある．焼なましの本来の目的は，材料を軟化させ，成形性や被削性を改善する処理であるが，実際には目的は多岐にわたり，軟化以外の熱処理として行われることもある．

　一般に，焼なましというと完全焼なましを指すことが多い．完全焼なましとは亜共析鋼の場合はA_3温度より20〜30℃高い温度で，過共析鋼の場合はA_1温度より20〜50℃高い温度に加熱し，組織をオーステナイト化したあとに，100℃/h以下の徐冷を行う軟化処理である．また，さらに高い温度で，凝固時に生じたMnなどの元素の偏析を平準化して，靭性や曲げ性の劣化をもたらすパーライトバンドの生成の抑制などのため行う焼なましを拡散焼なましという．また，合金析出物を溶解度温度以上に加熱して固溶化する熱処理を溶体化処理と呼ぶ．広義の意味での焼なましは強制冷却も含むので，後述する焼なら

しも焼なましの一種とみることもできる．

ここでは，塑性加工に特に関連のある焼なましについて詳述する．

5.1.1 再結晶焼鈍

金属の加工材は，その塑性変形の過程で転位などの欠陥が増殖されて，強度は増すが延性は低下する．この加工組織の状態では成形性が不十分で塑性加工により割れなどが生じる．それを回避する軟化処理の代表が再結晶焼鈍である．加工組織の金属を加熱すると，1.9節で説明した回復がまず起こる．回復過程で空孔や転位などの欠陥が減少し，それに伴い電気抵抗，残留応力などが低下するが，一般的には強度の低下は少なく，組織変化は光学顕微鏡では観察されない．後述の低温焼なましはこの回復過程を制御することになる．さらに温度を上げていくと再結晶が起こる．加工材の焼なまし過程に

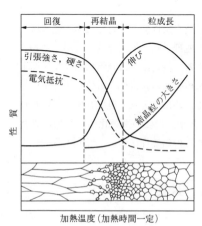

図 5.1 冷間加工した金属を加熱したときの諸性質と組織の変化

おける機械的，物理的性質と組織の変化を図 5.1 に模式的に示すが，再結晶が起こると特性が大きく変化するのがわかる．さらなる加熱により再結晶粒は成長する．プレス成形品の場合，結晶粒径が 50 μm 以上になるとオレンジピールと呼ばれる表面欠陥が生じるので過加熱にならないように注意を要する．

5.1.2 低温焼なまし

低温焼なましは冷間加工で加工硬化している材料の強度をほぼ維持して，材料の諸性質を改善することを目的としている．加工中に増殖した原子空孔は熱的平衡状態より過剰に存在しており，200℃程度の低温焼なましでも顕著に減少する．一方，転位は大幅には消滅せずに，少量の転位の再配列によって結晶

内の初期ひずみを緩和する．低温焼なましにより調質する代表的な材料としてピアノ線がある．200℃程度の温度で焼なましすることによって，後述のひずみ時効が起こるが，変形によって不均一に分布するひずみは軽減され，靭性が付与されるようになる．

　また，ある種の銅固溶体合金を加工したあと，再結晶温度より低い適当な温度で焼なますと硬化が起こる．これは焼なまし温度で析出や相変態が起こらない Cu-Zn, Cu-Al, Cu-Ni, Cu-Sn, Cu-Cd, Cu-Ni-Si などの α 固溶体合金において現れ，Ag 固溶体，Ni 固溶体でも現れるといわれている．図 5.2 に示すように Cu-Al 系合金の α 固溶体で，溶質原子濃度が高いほど，また，加工度が大きいほど低温焼なまし硬化は大きい[1]．恒温の低温焼なましでは，時間に対して二つ以上の硬化の山が現れることがある．さらに，低温焼なましで硬化したものは，そのあとの低加工度の加工で消失し，再度低温で焼なますと再び硬化する．加工前の結晶粒径は小さいほど硬化の程度は大きい．硬化の機構については，積層欠陥での短範囲規則化，積層欠陥への溶質原子の偏析と転位の固着など，さまざまな説がある．

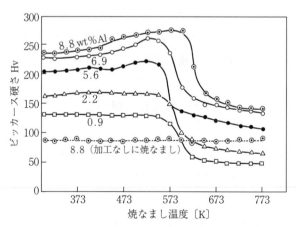

図 5.2　Al 量の異なる Cu-Al 合金の 65％圧延加工後の低温焼なまし硬化（焼なまし時間 15 min）[1]

5.1.3 二相域焼鈍

A_{e1}温度以上，A_{e3}温度以下のオーステナイトとフェライトが共存する温度域で行われる焼なましを二相域焼鈍という．二相域焼鈍は強度-延性バランスに優れた高強度鋼板の製造法として用いられる．8.3節で述べるDP冷延鋼板，TRIP冷延鋼板などは二相域焼鈍によって製造される．

5.1.4 球状化焼鈍

球状化焼鈍とは，0.5～1.5％Cの鋼を加熱して球状のセメンタイト+フェライト組織にし，切削性や加工性の改善を目的とした軟化熱処理である．球状化処理した材料は部品に加工されたあとに焼入れされて高強度化がなされることが多い．球状化焼鈍には種々あるが，その代表的な方法として

① A_1点より20～30℃低い温度に長時間保持して徐冷する方法
② 一度A_1点より20～30℃高い温度に加熱後に①の処理をする方法
③ A_1点の上下20～30℃の間で加熱と冷却を数回繰り返えしたあとに徐冷する方法
④ A_1点より20～30℃高い温度に保持後，徐冷する方法

などがある．パーライト鋼を球状化処理する場合はパーライトのラメラー間隔を狭くしておくと球状化時間を短縮することができる．

5.2 焼入れ・焼戻し

焼入れ（quenching）とは，狭義の意味では鋼をオーステナイト域に加熱後，急冷してマルテンサイト変態を起こさせることであり，焼入れ性の優れた鋼ほど低い冷却速度で焼入れできる．図5.3はMn量の異なる0.28％C鋼のCCT曲線である．1.6％Mn鋼では冷速が50℃/s以上でないとマルテンサイト単相の組織は得られないが，2.5％Mn鋼では10℃/sの冷速でもマルテンサイト単相の組織が得られる．単相のマルテンサイト組織が得られても，Ms（マルテンサイト変態開始温度）点以下での冷速が小さいと，室温になるまでに鉄炭化

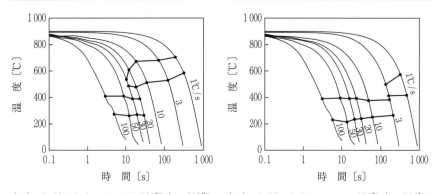

(a) 0.22C-1.6Mn-B, HR 200℃/s, 900℃　(b) 0.22C-2.5Mn-B, HR 200℃/s, 900℃

図5.3　0.28% C鋼のCCT曲線に及ぼすMn量の影響

物の析出が起こり焼戻し（tempering）され，軟化する．これをオートテンパリングという．

　焼戻しとは，焼きの入った材料をA_{e1}点以下の温度に再加熱して，炭化物の析出，内部ひずみの低減などにより加工性，靱性を向上させる熱処理である．焼戻し温度に応じて材料は収縮あるいは膨張し，図5.4に示す3段階の組織変化を示す．まず，70〜150℃の第一段階では，過飽和Cがεカーバイドとして析出し，材料は収縮する．230〜300℃の第二段階では，残留オーステナイトが存在する場合に起こる現象で，残留オーステナイトが低炭素マルテンサイトとεカーバイドに分解し，材料は膨張する．250〜360℃の第三段階では，εカーバイドが母相に固溶し，新たにセメンタイトが析出し，再び収縮が起こ

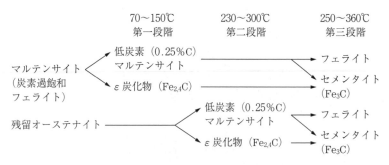

図5.4　炭素鋼の焼戻しによる組織変化[2]

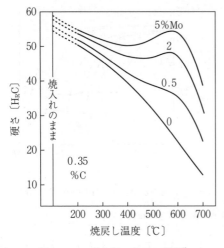

図 5.5 Mo 添加鋼の焼戻し効果[3]

り，母相は C をほとんど固溶しないフェライトになる．ただし，このフェライトは元のマルテンサイトのラス状組織の形態を保ち，転位密度もまだかなり高い．さらに高い温度に焼戻しすると転位密度の減少も起こり靭性の向上は見られるが，強度が顕著に低下し，必要な強度の確保が難しくなる．そこで，高温焼戻し温度で合金炭化物を析出させることで，軟化代を低減することが必要に応じてなされている．

図 5.5 に強度に及ぼす焼戻し温度と Mo 添加量の影響を示す[3]．Mo を添加す

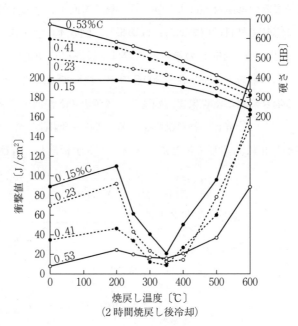

図 5.6 各種炭素鋼のマルテンサイトの焼戻しによる硬さと衝撃値の変化[4]

ることにより固溶強化と析出強化で強度が増加する．特に，微細析出が起こる温度域での強化代が顕著である．

焼戻し処理で留意しなければならないのは焼戻し温度を誤ると靭性がかえって低下する可能性があることである．一つが図5.6に示す350℃前後で起こる低温焼戻し脆性である．この脆化は残留オーステナイトの分解とセメンタイトの析出形態が関与するもので，セメンタイトの析出を抑制するSiを添加すると脆化温度が高温側にシフトする．もう一つの脆化現象がNi，Cr，Mn，Siが含有した合金鋼でよく観察されるもので，図5.7のNi-Cr鋼が示すように500℃近傍で起こる．この高温焼戻し脆化はP，Sなどの不純物元素が多く存在する鋼で顕在化するので，これらの元素の粒界偏析が関わっているものと推察されている．

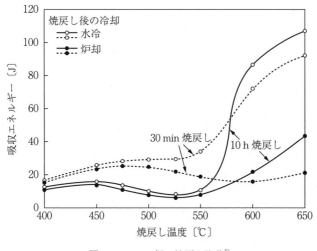

図5.7 Ni-Cr鋼の焼戻し脆化[5]

5.3 時効処理と塗装焼付け

時効処理とは，ある温度に材料を保持することで特性を制御することである．溶体化処理温度から急冷をすると析出物形成元素は過飽和に固溶した状態

になる．それらの元素が動ける温度に保持すると析出が起こる．このような時効（aging）による析出制御を析出処理という．上述の焼入れ・焼戻しも析出処理の一種である．

5.3.1 析 出 処 理

　析出処理は，時効処理の代表的なものであり，鉄鋼材料やアルミ合金などで積極的に行われる．固溶状態の析出物形成元素が存在する場合，その材料を析出が起こる温度に保持すると時間とともに析出物が形成され，析出強化が現れる．ただし，時効時間が長くなると析出物が粗大化し，その数が減ずるため析出強化は低下する．この現象を過時効という．

　時効析出処理による析出挙動の変化を熱処理型アルミニウム合金の代表である 2000 系（Al-Cu 系）合金を例に説明する．溶体化処理後，試料を析出処理温度（例えば，130℃）に急冷すると，まず溶質原子が局部的に集合する．このような集合体は G. P. ゾーン（Guinier-Preston Zone）あるいはクラスター（cluster）と呼ばれ，母相に対して整合に析出し，生成された格子ひずみが転位の移動の障害となり，硬化をもたらす．この G. P. ゾーンは界面エネルギーが低いため，核生成が容易に起こる非平衡な析出物である．厚さ 1 原子層の G. P. ゾーンを G. P. I といい，2 原子層構造のような規則的配列を持つ G. P. ゾーンを G. P. II という．つぎに，中間相である $\theta'\cdot CuAl_2$ が形成される．この相は母相に対して半整合あるいは非整合であり，安定平衡相 $\theta\cdot CuAl_2$ と組成は同じであるが，結晶構造が若干異なる析出物である．この析出物は初期には母相に微細分散析出し，硬化をもたらすが，その後，過時効状態となり軟化する．さらなる時効は中間相を安定平衡相に変化させる．

　鉄鋼材料の時効析出は比較的単純で通常最初から平衡析出相が生成する．まれな例として，フェライト中での Cu の析出がある．Cu の析出はまず母相と整合性の良い bcc-Cu が初期に析出し，それが成長するに伴ってその内部に双晶を形成して，最終的に fcc-Cu へと変化する[6]．この析出挙動はつぎのように説明されている．bcc-Cu は fcc-Cu より高い化学エネルギーを持つにも関わ

らず，母相と整合析出する bcc-Cu と非整合析出する fcc-Cu では全体のエネルギー状態は前者のほうが低い．しかし，bcc-Cu が成長して母相との界面が非整合になり界面エネルギーが高くなると，非整合析出する fcc-Cu のほうが全体のエネルギー状態が低くなり，粒子の成長に伴い fcc-Cu へと変化する．（図 1.30，式 (1.4) 参照）．

5.3.2 ひずみ時効と塗装焼付け処理（BH 処理）

ひずみ時効とは，鋼中の転位に固溶 C, N が固着して転位を動きづらくすることで，強度を高め，延性を低下させる現象である．特に問題視されるのが，図 2.7 に示したプレス加工時に現れるストレッチャー ストレインという筋状の表面欠陥の発生である．固溶 C, N は拡散しやすいため室温でも長時間放置すると移動して転位に付着して，ひずみ時効を起こす．この常温で起こるひずみ時効を自然時効と呼ぶことがある．**図 5.8** にひずみ時効による材質の変化と固溶 C 量の関係を示す[7]．一般に降伏点伸び（YP-El）が 0.2% 以上になると，ストレッチャー ストレインが生じやすくなる．ストレッチャー ストレインの発生を回避するには鋼板の製造時に固溶 C を極力減らす必要がある．そのため C を含有した鋼では固溶 C を減らすためにセメンタイトを生成させる過時効処理が行われる．しかし，近年では極低炭素鋼に Ti, Nb などを添加することで合金炭化物を形成して固溶 C を皆無にしている IF（interstitial atom free）鋼が自動車の外板などには用いられている．また，ストレッチャー ストレインの回避策として，プレス成形直前に C, N に固着されていない可動転位を導入するスキンパス（1% 程度の軽度な）圧延を行うことも有効である．

一方，固溶 C を転位に固着させ，降伏強度を高める熱処理に BH（bake hardening）処理がある．BH 処理は成形後に行われる塗装焼付け工程を利用した熱処理であり，一般に 170℃ で 20 分程度の低温焼なましに属する処理である．この熱処理による強度の上昇は固溶 C 量によって決まり，多いほうが強度の上昇代は大きくなるが，多量の固溶 C が存在すると自然時効により成形性の劣化やストレッチャー ストレインの発生が起こりやすくなる．そのため，

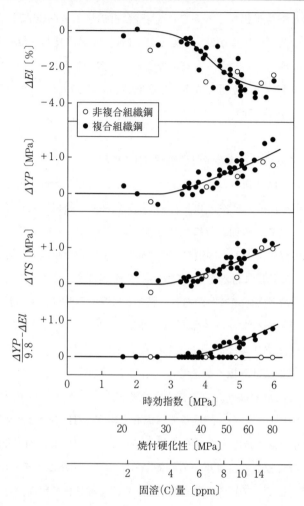

図 5.8 ひずみ時効による材質の変化と固溶 C 量の関係[7]

固溶 C 量には限度があるため,得られる BH 量(BH 処理による降伏強度の上昇量)にも限界があり,60 MPa 程度が上限となる.

5.4 焼ならし

焼ならし（normalizing）とは，亜共析鋼に関しては，オーステナイト域に加熱された完全焼なましが100℃/h以下の徐冷で行われたのに対して，放冷（空冷）で行う熱処理をいう．また，過共析鋼の場合はA_{cm}温度以上に加熱し，放冷するところが完全焼なましと異なる．焼ならしは鋼本来の状態にするということで，加熱して空冷すると標準的な状態になるという意味で焼ならし（焼準^{しょうじゅん}）という名が付けられた．

5.5 表面硬化処理

5.5.1 浸炭，窒化

浸炭あるいは窒化とは，表層を硬化する目的で，鋼を高温のCOやアンモニア雰囲気中で加熱して，炭素や窒素を鋼表層に拡散させることである．浸炭処理は加工性の良い低炭素鋼または低炭素合金鋼を機械加工したあと，その表面層の炭素量を増加させ，表面層のみを焼入硬化する処理法である．**表**5.1に浸炭窒化処理の特徴を示す[8]．

表5.1　浸炭窒化処理の特徴[8]

表面処理の種類	表面層の金属組織	処理による表面層の変化	表面層の硬さ	表面層の深さ	適用鋼種	処理効果
浸炭焼入れ（浸炭浸窒焼入れ）	表面高炭素化焼入れマルテンサイト組織	表面硬化 圧縮残留応力の発生	$H_v650 \sim H_v850$	$0.1 \sim 2.0$ mm	低炭素鋼 低炭素合金鋼 鉄系焼結材料	耐疲労性 耐摩耗性
軟窒化	表面は炭窒化物層 内部は窒素の拡散層	同上	炭窒化物層 $H_v500 \sim 800$ 拡散層 H_v100 上昇	$5 \sim 20$ μm $0.5 \sim 1.0$ mm	炭素鋼，鋳鉄，耐熱鋼，型鋼ほか	同上 耐食性

浸炭法としては，木炭を利用する固型浸炭，プロパンやブタンを空気と混合して用いるガス浸炭，カリウム青酸塩を含む溶融塩中で行う液体浸炭，低気圧の容器中で行われる真空浸炭などがある．浸炭された層は急冷処理によりマルテンサイトに変わり硬化する．現在はガス浸炭が最も汎用されているが，近年，真空浸炭の注目度が高まっている．真空浸炭は，真空操作と高温浸炭の利点を組み合わせて開発された技術で，一度炉内を真空にしたあと，やや減圧された C_3H_8 などの浸炭性ガス（300～400 Torr）を送入して行われる．短時間で所定の浸炭層が得られる．通常の浸炭で起こる Cr, Mn などを含む鋼の粒界酸化も真空浸炭は防止でき，疲労限度の低下を抑制することができる．

浸炭はCの固溶限の大きいオーステナイト相で行うため，熱ひずみが大きく，精密部品の場合は浸炭後に機械加工が必要になるという欠点がある．また，過度の浸炭は靭性を大きく低下させるので注意を要する．

窒化法としては，高温高濃度のアンモニアガス，金属青化塩浴などを用いて行うが，最近では真空グロー放電下で窒化するイオン窒化も行われている．窒化の処理温度は 500～600℃の低温であって，α-Fe 域の処理であるため逆変態−変態による膨張，収縮もなく寸法変化の少ないという利点がある．ただし，処理深さは比較的浅い．また，窒化層の最表面層には安定な圧縮応力が存在するため耐摩耗性と耐疲労性を有し，600℃近くまで温度が上昇しても軟化が起こらず，熱的にも安定である．耐食性も比較的良好であるので工業的に広く応用されている．窒化による硬化は析出強化によるところが大きいので窒化鋼には Al, Cr, Ti など窒化物形成元素が添加される．また，窒化温度域での長時間の熱処理は焼戻脆化を起こしやすいので通常 Mo を添加する．

最近の研究開発として Ti 添加の窒化鋼に Cu を複合添加することで，窒化処理で TiN の析出による表層強化と Cu の析出による母材の高強度化を同時に果たした事例が報告されている[9]．

5.5.2 高周波加熱処理

高周波焼入れでは次式で焼入れ深さ δ を制御できるので，周波数 f を調整す

ることで焼き入れ深さを設定できる．ここで，ρは比抵抗，μは透磁率である．

$$\delta = \frac{1}{2\pi}\sqrt{\frac{\rho}{\mu f}} \tag{5.1}$$

高周波加熱による表面硬化の利点は，短時間で処理ができること，表面に圧縮の残留応力が形成されること，バルクの靱性は確保できること，そして熱変形が小さいことなどが挙げられる．
図5.9は，歯車の歯面の表面だけをオーステナイト域に加熱しているもので，これを急冷することで表面層だけ焼入れされ歯面の疲労強度が増加する．本技術は高品質な量産技術として実用化されている[10]．

図5.9　高周波加熱による歯車の歯面表面の加熱[10]

5.5.3　レーザ処理

レーザ技術の発展は著しく，コンパクト化，高速化，高出力化などが進められている．レーザの利点を生かした熱処理も並行して広がっている．局所的な急速加熱・冷却ができるためレーザ処理にはつぎのような特徴があげられる．① 局所的な焼入れなどの熱処理が可能，② 表面に急速凝固層を形成できる（グレージング），③ 表面の溶融層に合金元素を添加し高合金層を形成できる．以下に，これらのプロセスについて概説する．

表面焼入れレーザで急速加熱・冷却すると放冷でもバルクからの抜熱で冷却速度をマルテンサイト変態の臨界冷却速度より速くすることが可能であり，低炭素鋼でも水を用いることなく十分な硬度を有する焼入れ層を付与できる．この場合，熱影響層がきわめて小さいという特長がある．

高速度工具鋼SKH4をレーザグレージングするとWやVなどの合金元素が固溶され，これを焼戻しするとWCやVCなどが析出し二次硬化が起こる．このときの硬さは水焼入れの硬さより格段に大きくなる．

金属表面の任意の部位にレーザ溶融層を形成させ，これに合金元素を添加

し，耐摩耗性や耐食性を付与できる．例えば，純鉄にグラファイトを塗布したあと，レーザ処理すると Hv900 の硬い層が形成される．同様に S15 C 表面に VC を合金化すると Hv1 300 程度の超硬合金なみの硬さを得ることができる．

5.5.4 ショットピーニング

ショットピーニングとは，おもに耐疲労性の向上のために行う処理であり，被加工材の表面に無数の小球（ショット）を打ちつけて加工硬化させる処理である．投射条件，投射材，部品の材質，寸法・形状，温度などにより，耐疲労性への効果が異なるので最適化することが重要である．ショットが不十分であると耐疲労性の向上代は限定的になる一方，過度のショットは表面性状を悪化させ，疲労き裂の発生源を増やすことになって耐疲労性を低下させる可能性がある．

5.5.5 PVD，CVD

PVD 法（physical vapor deposition）は，物質の表面に薄膜を形成する蒸着法の一つで，気相中で物質の表面に物理的手法により目的とする物質の薄膜を堆積する方法である．蒸着法とは，被覆する材料を加熱して気化し，処理物表面に吸着され，温度低下に伴い固化する処理である．その際，蒸発源を気化しやすくするため，真空近くまで減圧して行う方法を真空蒸着という．熱源により抵抗加熱蒸着，電子ビーム蒸着がある．一方，減圧した容器内で，蒸発源と処理物間に電圧をかけ，気化した金属をイオン化して蒸着する方法をイオンプレーティングといい，真空蒸着よりも密着性が高いので，工具や金型へチタンやクロムの蒸着を行う際によく使用される．

また，減圧容器内で蒸発源と処理物間に高電圧をかけ，同時にアルゴン雰囲気に保つことにより，アルゴンイオンが蒸発源に衝突して金属原子が放出され蒸着が行われる．これをスパッタリング（spattering）といい，真空蒸着では困難な，合金の蒸着が可能であるため近年その用途が広がっている．近年，イオンビーム蒸着法を用いて，ダイヤモンド状炭素膜（DLC）が製膜されてい

る．DLC 膜はアモルファス構造なためきわめて平滑でダイヤモンドに近い硬さを有するので優れた摩擦摩耗特性を持つことで注目されている．

一方，CVD 法（chemical vapor deposition）は，さまざまな物質の薄膜を化学的に形成する蒸着法で，目的とする薄膜の成分を含む原料ガスを適当なキャリヤガスを用いて反応炉内に供給し，処理物にガスが接触すると，化学反応によって処理物表面に膜を堆積する方法である．化学反応を活性化させる目的で，反応管内を減圧しプラズマなどを発生させることもあるが，PVD 法とは異なり，大気圧や加圧した状態での処理が可能である．CVD 法では凹凸のある表面でも比較的均一に製膜できる利点がある．化合物ガスは近年非常に多くの種類が合成できるようになり，多用な膜の合成を可能にしている．

従来，気相化学反応を熱により促進させる熱 CVD 法が用いられてきた．この方法は気密で高品質な膜が形成できる反面，500～1 000℃の高温を必要とすることから，基板材質が制限されてきた．そのためプラズマ化学反応を利用して 250～350℃ の比較的低温で処理可能なプラズマ CVD 法が開発された．

これらの処理で得られる被膜の厚さはマイクロメートルオーダーと薄いが，その硬さはきわめて高いものが多く，高い耐摩耗性を必要とする工具，金型などの表面硬化に用いられている．

5.6 組織微細化のための加工熱処理

強化機構について 2 章で述べたように，延性-脆性遷移温度を高めない（靱性を劣化させない）唯一の強化機構が粒界強化なので，組織の微細化は重要な組織制御と位置付けられている．組織の微細化は塑性加工を伴う熱処理によって行われることが多く，そのような熱処理を加工熱処理と呼ぶ．加工熱処理の代表が鉄鋼材料の制御圧延・加速冷却である．この技術は厚板の高強度・強靱化技術として開発された．**図 5.10** に模式的に示すように，さまざまな温度履歴の制御圧延技術が開発された[11]．すなわち，① は従来型の圧延，② は未再結晶域圧延で変形帯などの変態時にフェライトの核生成サイトを増やす制御圧

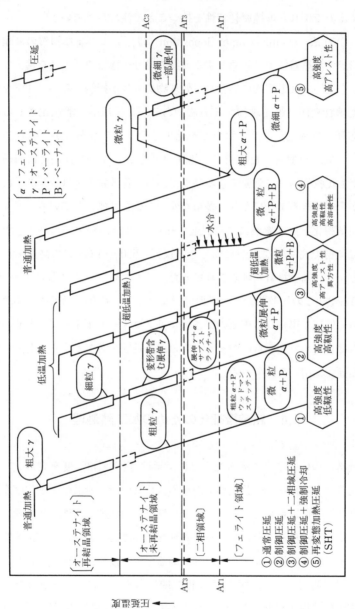

図 5.10 制御圧延法[11]

延,③は($\gamma+\alpha$)二相域圧延で,微細に展伸されたオーステナイト粒とサブグレインを持つフェライト粒の混合組織が得られる.④は制御圧延後に加速冷却することでフェライトの核生成の駆動力を高め,成長を抑えて微細なフェライト組織を得て強靭化を図ろうとするもので,水冷停止温度が重要な意味を持つ.⑤においてはAr_1点以下までいったん冷却後,Ac_3点まで再加熱して制御圧延を行う方法で,焼ならしと同等の均一な細粒を得ることができる.この熱処理を厚板の表層に施して表層微細組織を実現したのが耐アレスト性鋼板である[12].表層を冷却し,フェライトとし,その後高温の中心部からの副熱で逆変態が起こり,表層組織の超微細化が実現する.

現在では,厚板のみならず薄板,線材,形鋼などの圧延においても制御圧延・加速冷却は展開されている.この組織の微細化はNbやTiなどのマイクロアロイ元素を添加することでさらに助長され,制御圧延・加速冷却で得られる最小の平均フェライト粒径は厚板圧延で5μm前後,ホットストリップ圧延で2〜3μmである.

組織微細化のさらなる技術開発によって,低温で超大圧下の加工を施すことでサブマイクロメートルオーダーのフェライト組織が得られるようになった.特に,フェライト域の高温で超大圧下加工を行うと大傾角粒界を持つ微細なサブグレイン組織が得られる.この組織は強加工によりサブグレインが結晶回転を起こし,隣接粒との界面の傾角が大きくなっただけで,再結晶とは無縁であるにも関わらず連続再結晶と呼ばれることもある.いずれにしても超強加工を必要とする組織微細化技術は設備的にもコスト的にも実用化は容易ではない.そのため,パス間間隔を狭め,パス間冷却,仕上げ直後冷却などによりひずみの累積効果を利用した多段圧延による累積大圧下圧延が試みられ,平均フェライト粒径が1〜2μmの組織の熱延薄鋼板が製造可能になった[13].

5.7 オースフォーミング

オースフォーミング(ausforming)とは,**図5.11**に見られるように過冷状

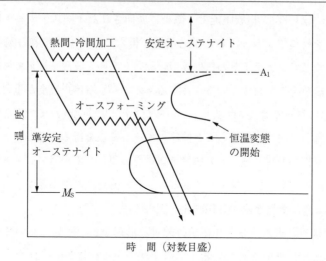

図5.11 オースフォーミングの模式図

態のオーステナイトを加工してオーステナイトの加工組織からマルテンサイトあるいはベイナイト変態させる加工熱処理で,オーステナイト中に存在した転位の伝承に伴う高転位密度化,炭化物の微細化,マルテンサイトならびにベイナイトのブロックの微細化により強度ならびに靱性が向上する.

図5.12はオースフォーミングの加工度の増加に伴う上部棚エネルギーの増加ならびに延性-脆性遷移温度の低下を示す.非調質で高強度,高靭性化が図れるため省エネルギープロセスと位置付けられているが,適切な焼戻し処理を加えるとさらなる強靭化が得られる.オースフォーミングで得られたマルテンサイトならびにベイナイトをオースフォームド マルテンサイト,オースフォームド ベイナイトと呼ぶ.本技術は,材料特性の向上にとても有効な加工熱処理ではあるが,この処理も低温で圧下を加えるため変形抵抗が高くなり設備的に圧下率を大きくできないため効果には限界がある.近年では,変形抵抗の低減を狙って,Nbなどの再結晶を抑制する元素を添加して高温でオースフォーミングをする改良オースフォーミングが注目されている.

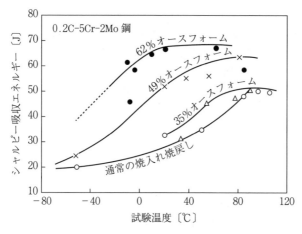

図5.12 靱性に及ぼすオースフォーミングの加工度の影響

5.8 焼戻し温間鍛造

　鍛造における加工熱処理の一例として焼戻し温間鍛造が挙げられる．これは焼入れした鋼を400～600℃の温間領域で数十秒から数分間加熱したあと，焼戻し過程において鍛造を施す方法である．この方法によれば，冷間加工に比べて加工力が著しく低下するとともに加工限界（破壊ひずみ）がきわめて大きくなり，しかも加工後の機械的性質にも優れている．一般に，炭素量が0.4%を超える鋼材の冷間鍛造および温間鍛造は困難であるから，この手法は，中・高炭素鋼の新しい温間鍛造法として期待されている．焼戻し温間鍛造材は焼入れ・焼戻し材に比べセメンタイトが微細球状化し，サブグレインの微細化が進むことで機械的性質の改善が図られている．加工性改善の利点を生かしてすでにボルトの新しい製造方法が開発されている[14]．

引用・参考文献

1) Tomokiyo, Y., et al.：Trans. JIM, **16** (1975), 489.

2) 牧正志：鉄鋼の組織制御，(2015)，内田老鶴圃．
3) Bain, E. C., et al.："Alloying Elements in Steel", ASM (1961)．
4) 須藤一ほか：「鉄鋼Ⅱ」(新制金属講座新版材料編) 日本金属学会 (1965)．
5) Cohen, M.：Trans ASM, **41** (1949), 35.
6) Maruyama, N., et al.：Materials Trans. JIM, **40** (1999), 268.
7) 松藤和雄ほか：日本鋼管技報，**96** (1982)，4．
8) 吉田豊彦編：最新表面処理技術総覧，(1983)，1062．
9) 高橋淳ほか：新日鉄技報，**381** (2004)，22．
10) 川嵜一博ほか：熱処理，**52** (2012)，150．
11) 川嵜一博ほか：熱処理，**50** (2010)，368．
12) 石川忠ほか：新日鉄技報，**365** (1997)，26．
13) Etou, M., et al.：ISIJ Int., **48** (2008), 1142.
14) 関口秀夫ほか：材料，**38**-435 (1988)，1458．

6 材料の評価

本章では,組織観察,材料試験,非破壊検査の項目に分けて,材料の組織,特性を評価する方法について述べる.

6.1 組 織 観 察

6.1.1 マクロ組織観察

鋳塊中の気泡,ザクきずなどの空隙,および樹枝状晶を有する凝固組織,偏析ならびに加工材の粗大結晶,割れそのほかの欠陥などを約20倍以下の倍率で検出するために肉眼,ルーペまたは拡大投影機を用いて観察することをマクロ組織観察と呼ぶ.供試材料の製作にあたって,切断の際には表面に変質層が生成しないよう冷却に注意しなければならない.必要があれば切断後に試料表面をエメリー紙で仕上げることもある.試料表面の腐食は,顕微鏡組織の場合よりも強く行うことが多い.例えば,鋼材の欠陥検出の場合には希塩酸を70～80℃に熱した腐食液の使用,鋼中の硫化物の分布を知るために3%硫酸水溶液の使用など,材料の種類,観察の目的に応じて,多くの腐食液が用意されている.

6.1.2 光学顕微鏡による組織観察

光学顕微鏡観察は,金属面の内部組織の種類,形状,大きさ,分布などを求めることが目的であり,普通10～2000倍で観察される.試料の切断はマクロ組織観察と同様に行い,切断された試料表面は注意深く研磨しなければなら

ない．エメリー紙を使用する粗研磨は，粗いエメリー紙から始め，必ず前の研磨方向に対して直角にみがき，前の研磨疵（きず）がなくなるまで研磨後，順次エメリー紙を細かくしていく．エメリー紙による粗研磨後，続いてラシャなどの柔らかい布を用いたバフ研磨を行う．さらに優れた鏡面を得るためには，化学研磨あるいは電解研磨を行うとよい．

　鏡面に仕上げた材料の光学顕微鏡観察では，鋳鉄中の黒鉛，割れ，ピンホールなどの欠陥以外は見ることができないので，それぞれの材料の組織に応じた腐食を行う．粒界など腐食されやすい部分はくぼむため，光が乱反射して暗く見えることから，金属組織を観察することができる．代表的な腐食液を**表6.1**に示す．

表6.1　代表的なマクロエッチング用腐食液

鉄，鋼，鋳鉄	硝酸アルコール（nital）	硝酸 …………………… 1～5 ml アルコール …………… 100 ml
	ピクリン酸アルコール（picral）	ピクリン酸 …………… 4 g アルコール …………… 100 ml
Al，Al合金	フッ化水素水	フッ化水素 …………… 0.5 ml 水 ……………………… 99.5 ml
	水酸化ナトリウム水溶液	水酸化ナトリウム …… 1 g 水 ……………………… 90 ml
Cu，Cu合金	過硫酸アンモニウム溶液	過硫酸アンモニウム … 10 g 水 ……………………… 90 ml

6.1.3　電子顕微鏡による組織観察

　電子顕微鏡は，光学顕微鏡の光とガラスレンズの代わりに電子線と電子レンズを用いて，像の拡大を得る装置で，最大1 000 000倍で観察される．しかし，倍率よりもいかに細かいところまで明瞭に見えるかが重要で，電子顕微鏡はこの分解能が特に優れている．分解能は光源の波長によって決まり，電子顕微鏡に用いられる電子線の波長は非常に短いため，高分解能電子顕微鏡では個々の原子を見ることも可能である．

　電子顕微鏡には大きく分けて走査型電子顕微鏡（SEM）と透過型電子顕微鏡

(TEM)の2種類がある.SEMは電子線を試料上に走査させ,試料から放出される二次電子像を検出することで像を得る顕微鏡である.TEMは試料を電子線が透過できる厚さにまで薄くして透過してきた電子線の強弱から組織の情報を得る.試料は機械加工ならびに研磨により数百μm厚程度にし,続いて化学研磨,電解研磨などによって必要な厚さの薄膜に仕上げる.また,最近では観察したい場所をSEMで特定し,収束イオンビーム(FIB)を用いて所定箇所を薄片として取り出すTEM用観察試料の作製法も用いられるようになった.TEMでは転位や微細析出物などの観察が行われている.最近では球面収差補正走査透過型電子顕微鏡(Cs-corrected STEM)により0.1 nmの分解能が達成され,単原子レベルでの位置特定や元素の識別が可能となった.

6.1.4 三次元アトムプローブ

三次元アトムプローブは電界イオン顕微鏡(FIM)に飛行時間型質量分析器ならびに位置敏感型検出器を取り付けたもので,飛行時間質量分析により個々のイオンの質量と位置を同時に決定できる.これにより試料表面に存在する合金中の全構成元素の原子レベルでの二次元マッピングが可能となり,連続的に原子を表面から収集することにより,二次元マップを深さ方向に拡張していくことができ,このデータをコンピュータで処理することで合金中の原子の分布を原子レベルで三次元的に表すことができる.図6.1に一例としてアトムプローブで観察した鋼中のVCとCuの複合析出の状態を示す[1].

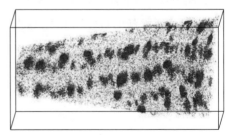

図6.1 三次元アトムプローブの測定例[1] (鋼中でVC[数の多いほう]とCuが複合析出している模様,測定範囲:53 nm×55 nm×110 nm)

6.2 材料試験

6.2.1 引張試験

材料を静的に引張り，材料の機械的性質を得る方法が2.1節で説明した引張試験である．その引張試験においては，引張り中の荷重と引張試験片の平行部長さの測定から，降伏点，耐力，引張強さ，伸びなどが得られ，さらに比例限度，弾性限度，弾性係数，破壊力などを必要に応じて求めることができる．引張試験方法ならびに引張試験片の形状や寸法は JIS Z 2201 に規格化されている．ただし，引張試験のチャートから求めた弾性係数は精度的に問題があるため，通常は共振法あるいは超音波パルス法を用いて測定される．

6.2.2 圧縮試験

材料を静的に圧縮し，材料の機械的性質を得る方法が圧縮試験である．普通，応力-ひずみ線図により降伏点または耐力および圧縮強さが得られる．軟鋼などの延性材料の場合，ひずみが小さい範囲において引張試験によって得られた応力-ひずみ線図とほぼ同じ形が得られ，引張試験の比例限度，弾性限度，降伏点または耐力とほぼ同じ値が圧縮試験においても得られる．ひずみが大きくなると，工具と材料界面での摩擦の影響により，引張試験の値とはずれてくる．

引張試験では，引張破断によりひずみ量に制限があるのに対し，圧縮試験ではひずみが大きくなっても破壊を生じないのでひずみ量に制限が少ない．そのため，塑性加工のように大きな変形が必要で，ひずみの大きな範囲までの応力が必要なときには圧縮試験から応力-ひずみ線図を得ることが多い．その場合，試験片と工具の間の摩擦力を極力小さくするための工夫が必要である．例えば，摩擦力を小さくするために図6.2に示すように円柱据込み試験用試験片端面に同心円状のみぞを施したり，端面の外周を段付きに加工することで界面での潤滑剤を閉じ込め，摩擦力を小さくする工夫が試みられている．しかし，摩

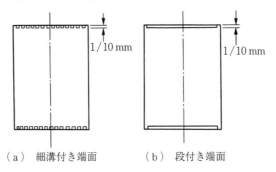

(a) 細溝付き端面　　(b) 段付き端面

図 6.2　端面摩擦を減少させるための試験片

擦をゼロにすることは難しく，加工に伴って一般に試験片形状は樽型に膨らむ．この形状変化を測定して応力-ひずみ曲線を補正することがよく行われる．

円柱試験片の据込みのほかに，**図 6.3**に示すように板試験片を平面ひずみ状態で圧縮試験をすることが行われる．この場合，変形が平面ひずみ状態（幅方向の変形が無視できる）であるので，この試験で得られる応力は引張試験で得られる応力の1.15倍となる．この試験で近似的に平面ひずみ状態を確保するために試験片の幅は厚さの2〜4倍，ダイス幅の5倍以上にする必要があり，この場合も界面での潤滑を注意深く行う必要がある．

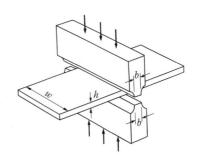

図 6.3　平面ひずみ圧縮試験

6.2.3　張出し試験

最も代表的な張出し試験は純粋張出し試験で円形のブランクに球頭ポンチを押し込むときフランジ部をしわ押さえ板でしっかり押さえ，フランジを中に流入させず，板厚を減じながら成形高さを増していき，割れが生じる限界の高さを求める方法である．この限界の高さを限界張出し高さ（limiting dome height, LDH）という．

また、ポンチではなく液圧で張出し成形する方法を液圧バルジ試験という。この成形の特徴は材料と工具間の摩擦がないことであり、材料の二軸試験法として利用されている。

6.2.4 深絞り試験

深絞り試験は張出し試験に類似した試験であるが、大きく異なるのはしわ押さえ力を調整してフランジからの材料流入を許している点である。図6.4は円筒ポンチを有する深絞り試験装置で、直径 d_p のポンチを押し込んで直径 D のブランクが割れずにカップ成形される限界の D/d_p を求める。この限界の D/d_p を限界絞り比（limiting drawing ratio, LDR）という。

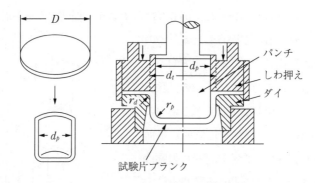

図6.4　深絞り試験機の模式図

6.2.5 穴広げ試験

穴広げ試験は日本鉄鋼連盟規格（JFS T 1001）によって定められている。図6.5はその概念図である。

中央に穴の開いた板に円錐ポンチを差し込み、穴を広げるようにポンチを押し込み、穴縁に貫通割れが観察されたときの穴径 d を求める試験で、その成形性は式(6.1)の穴広げ比 λ で表される。ここで、d_0 は初期穴径である。

$$\lambda = \frac{d - d_0}{d_0} \times 100 \quad [\%] \tag{6.1}$$

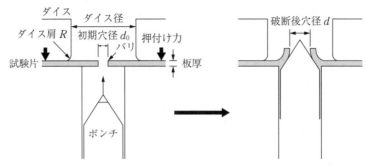

図 6.5 穴広げ試験の模式図

初期穴径の穴をパンチで打ち抜いた場合はバリの出る面を上にして穴広げ試験を行う．また，円錐ポンチの代わりに円筒ポンチや球底ポンチが用いられることもある．

6.2.6 曲げ試験

曲げ試験は JIS Z 2248 に規格化されており，押曲げ・ローラ曲げ法，巻付け法，Ｖブロック法がある．押曲げ・ローラ曲げ試験とは，**図 6.6** に示すように試験片を 2 個の支えに載せ，その中央部に押金具を当て，徐々に荷重を加えて規定の形に曲げる試験方法である．この場合は，試験片にき裂が入る臨界の曲げ角度などで曲げ性を評価する．巻付け曲げ

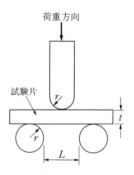

図 6.6 押曲げ試験

試験とは，**図 6.7** に示すように試験片が規定の形になるように徐々に荷重を加えて，試験片を軸や型に巻き付ける試験方法である．曲げ性はき裂が生じる巻き付棒の臨界の半径で評価する．また，Ｖブロック法は試験片をＶブロック上に載せ，その中央部に押金具を当て，徐々に試験力を加えてＶ形に曲げる方法で押し付け金具の先端の半径を徐々

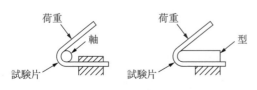

図 6.7 巻付け法の模式図

に小さくし，先端接触部でき裂が生じた臨界の半径で曲げ性を評価する．

塑性変形量がほとんどなくてもろい材料の場合，引張試験の代わりに曲げ試験の抗折試験が用いられている．この試験では折断までが弾性状態であれば，折断時の最大曲げ応力を求めることができる．

6.2.7 ねじり試験

丸棒あるいは円筒状の試験片の両端にねじりモーメントあるいはねじり角を与え，材料の機械的性質を得る方法がねじり試験である．ねじり試験においては，変位あるいはねじりモーメントを測定し，せん断弾性係数（剛性率），ねじり強さ，破断係数が得られる．軟鋼の直径 D の丸棒試験片のねじり試験によって得られたねじりモーメント-ねじれ角曲線を**図 6.8** に示す．

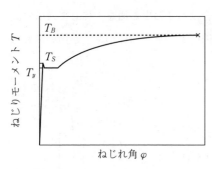

図 6.8 ねじり試験によるねじりモーメント-ねじれ角曲線

ここで，T_S が降伏ねじりモーメント，T_B が最大ねじりモーメントである．それぞれのねじりモーメントから，ねじり降伏応力 τ_S およびねじり強さ τ_B は

$$\tau_S = \frac{16 T_s}{\pi D^3} \tag{6.2}$$

$$\tau_B = \frac{16 T_B}{\pi D^3} \tag{6.3}$$

で求められる．せん断応力-ひずみ曲線を求める場合，薄肉中空試験片が用いられる．ねじり試験は，引張試験や圧縮試験に比べて大きな変形が得られ，その変形中にひずみ速度を容易に一定に保つことができるという長所がある．一方，棒状試験片では変形領域の応力状態が複雑であるので，得られる応力の精度が良くない．そのことから，ねじり試験は，材料の変形能を測定する方法として用いられることが多い．

6.2.8 衝撃試験

材料に動的に衝撃力を加え，衝撃に対する強さを得る方法が衝撃試験である．一般に，行われる衝撃試験は JIS Z 2242 に則った切欠き付き試験片を用いた衝撃曲げ試験である．この試験には，シャルピー衝撃試験法とアイゾット衝撃試験法がある．それぞれの衝撃試験法は，JIS Z 2202 で規定された切欠きの付いた試験片を用いて行われる．**図 6.9** にシャルピー試験機の模式図を示す．ハンマーの初期高さと衝撃試験後に達した高さから吸収エネルギーを算出する．脆い材料の吸収エネルギーは小さい．衝撃試験結果の説明については 4.2 節を参照されたい．

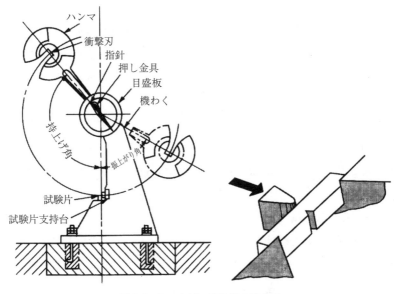

図 6.9 シャルピー試験機の模式図

6.2.9 硬さ試験

硬さ試験は，物理的意味は明確ではないが，引張強さと相関があるため広く利用されており，JIS Z 2243〜2246 ではブリネル硬さ，ビッカース硬さ，ロックウェル硬さ，ショア硬さの各試験方法が規定されている．いずれの試験方法

も圧子による押込み試験である.

ブリネル硬さ試験は,鋼球圧子を試験片表面に押し込む方法で,その円形くぼみの直径から求めた面積で荷重を割った値をブリネル硬さという.くぼみ径dと球径Dの比d/Dがおおよそ$0.2〜0.6$の範囲に入るように荷重を選ぶ必要がある.

ビッカース硬さ試験は,対面角$136°$の正四角錐ダイヤモンド圧子を試験片表面に押し込む方法で,表面にできたピラミッド径くぼみの対角線から求めた面積で荷重を割った値をビッカース硬さという.ビッカース硬さの値に$10/3$をかけると単位MPaの引張強さとよく対応することが知られている.

ロックウェル硬さ試験は,硬い試料にはダイヤモンド円錐圧子,軟らかい試料には鋼球圧子を試験片表面に押し込む方法で,基準荷重を加えて押し込み,続いて試験荷重を加えたあと,再び基準荷重に戻し,2回の基準荷重のときの押し込み深さの差hを求め,hの関数として硬さを表したものがロックウェル硬さである.

ショア硬さ試験は,先端にダイヤモンドを埋め込んだ鋼製ハンマーを試験片表面からh_0の高さから自由落下させる方法で,ハンマーの試験表面からはね上がる高さhから$(10\,000/65)(h/h_0)$で求められる値をショア硬さという.

6.2.10 疲労試験

材料が繰返し荷重を受けると静荷重の引張強さ以下,繰返し数によっては降伏応力に達しない応力状態でも破断することがある.このことを疲労破壊という.このように材料の繰返し荷重に対する強さを求めるのが疲労試験である.

疲労試験は,荷重の加え方によって多くの種類がある.一般に繰返し応力は$\sigma=\sigma_m+\sigma_a\sin\omega t$の関数で与えられ,$\sigma_m=0$あるいは$\sigma_m-\sigma_a=0$の場合が多い.どちらの場合も破壊に至るまでの繰返し数を求め,縦軸に応力振幅σ_a,横軸に繰返し数Nを対数目盛でプロットしたS-N曲線にして整理する.疲労試験の結果の説明については4.3節を参照されたい.

6.2.11 クリープ試験

材料に高温中で静的に一定荷重を加えると降伏強さより低い応力でも，時間の経過とともに伸び変形が進行し，ついには破断する．この現象をクリープといい，伸びと時間の関係を求める方法をクリープ試験という．クリープ試験によって得られるひずみ-時間曲線は図2.8に示したように，遷移クリープ，定常クリープおよび加速クリープの3段階からなる．クリープ強さを表す量としてよく用いられる値としてクリープ限度がある．この値を求めるためには多くの方法があるが，10 000時間に0.1%のひずみを生じる応力として決められるクリープ制限応力が使われることが多い．

クリープ試験には非常に長い時間を必要とするので，クリープ試験に対してクリープ破断試験が行われることがある．この方法は比較的高い応力を加えてクリープ試験を行い，材料を破断に至らせるものである．

6.2.12 水素脆化試験

水素脆化試験は水素による材料特性の低下を求める試験で，多くの試験方法が提案されているが，よく知られる方法に低ひずみ速度引張試験（SSRT）がある[2]．試験片に水素をチャージしながら低ひずみ速度で変形させると強度，延性が低下する．この低下代をもって水素脆化を評価する方法である．

また，事前に水素チャージした試料をカドニュームめっきして，水素を閉じ込めて状態で引張試験や曲げ試験を行い，水素無チャージ材と比較して水素脆化を評価する方法もある[3]．水素脆化の一種である高強度材料が水素の侵入により突然破壊する遅れ破壊の評価試験では希塩酸やチオシアン酸アンモニウム溶液など水素が侵入する雰囲気での一定荷重試験が行われることが多い．この場合，破断時間で水素脆化を評価する．

6.3 非破壊検査

6.3.1 放射線試験

X線, γ線, β線, 中性子線などの放射線を材料の内部に透過させ, 内部欠陥の程度を非破壊で検査するのが放射線試験である. 透過された放射線は内部欠陥の存在により, その状態に対応して強度変化を起こすので, 透過後の放射線の強度分布を測定することにより, 内部欠陥の定量的な情報を得ることができる. この強度分布は直接フィルムで透過像を撮影する直接撮影法, 蛍光板に透過像を写し目で直接検査する透視法, あるいはその映像をカメラで撮影する間接撮影法, フィルムの代わりに電子写真を用いて撮影する電子写真法のいずれかを用いて測定される. X線は, 軽金属の場合 30 ~ 50 kV, 40 mm 以下鉄鋼材料では 150 ~ 300 kV および 150 mm 以下では 1 ~ 2 MV の電圧の X 線が用いられる. γ線は, 50 ~ 150 mm の鉄鋼材料の場合 ^{60}Co-γ線, 20 ~ 30 mm では ^{192}Ir-γ線が利用されている.

JIS には検査対象物に応じて, 欠陥を分類し, 欠陥の大きさ, 数によって定量的な分類が規格化されている.

6.3.2 超音波探傷試験

超音波探傷試験は, 超音波が短波長で直進性があるのを利用して材料内部の微細な欠陥を検査する方法として広く用いられている. この方法はほかの方法に比べ, 容易に迅速に検査できるという特徴がある. 一般に用いられている超音波の周波数は 500 kHz から 10 MHz のもので, その発生にはおもに水晶板などの圧電効果が利用されている. 振動子には水晶のほか, チタン酸バリウム, ジルコン酸鉛や硫酸リチウムなどが用いられ, その振動子は背面にはダンパーを合わせて取り扱いやすい探触子（プローブ）にセットされている. 材料内部に超音波を効率よく入射させるために, 探触子と材料の間には水, 油, グリセリンなどの液体で満たすようにする. 材料内部の欠陥検査には普通垂直あるい

は斜角探傷法が用いられ，表面近くの欠陥検査には表面波探傷法が利用されている．

6.3.3 磁気探傷試験

磁性材料に磁場を与えたとき欠陥が存在すると磁場が乱れ，磁束の漏洩が起こる現象を利用して，材料の表面欠陥あるいは表面近傍の内部欠陥を検査するのが磁気探傷試験である．なお，磁性のないアルミニウム，銅，オーステナイト系ステンレス鋼などの材料には使用することはできない．

この試験の検査方法のうち材料に磁粉を振りかける磁粉探傷法は最も簡単な方法で，目で直接欠陥を検査することができる．

6.3.4 浸透探傷試験

浸透探傷試験とは材料表面に存在する目に見えない欠陥を材料表面に蛍光物質の液体を吹きかけ，その液体を表面欠陥に浸透させ目で見やすい像にして検査する方法である．この方法は簡単に適用できるのが特徴であるが，蛍光物質を用いているので検査室を暗くする必要がある．

引用・参考文献

1) 岩佐尚幸ほか：鉄と鋼，**98**（2012），434.
2) Wang, M., et al.：Corros. Sci, **49**（2007），4081.
3) 萩原行人ほか：鉄と鋼，**94**（2008），215.

7 おもな非鉄金属材料

前章までは，鉄鋼材料を中心に材料学を展開してきたが，本章ではアルミニウム，チタン，マグネシウム，銅，ニッケルおよびそれらの合金の製造方法，材料特性，用途などについて述べる．

7.1 アルミニウムおよびアルミニウム合金

アルミニウム（alminium）は，ボーキサイトをアルカリで溶解してアルミナを製造し，それを氷晶石とともに溶融して電気分解することにより製造される．したがって，アルミニウムを作るには，大量の電力が使用されることから，電気料金の高い日本での製造は皆無である．

電気分解によって作られる一般の工業用アルミニウムは純度 99.0 ～ 99.8% であり，不純物として Fe, Si, Cu などが含まれている．純度 99.95% 以上の高純度アルミニウムを製造するには上記の電気分解後，さらに三層式電解法や偏析法による精製が必要になる．精製された溶融アルミニウムは成分調整されたあと，鋳造されてインゴットとなる．そのあとは，鉄鋼材料と同じように，塑性加工（圧延，押出し，伸線，鍛造），鋳造加工などの工程を経て，各種製品が製造される．

純アルミニウムの特性を**表 7.1** に示す[1]．アルミニウムは比重 2.70 で，実用金属中では，マグネシウム，ベリリウムについで小さく，鉄や銅の約 1/3 である．そのため価格は高いが，最近軽量化のために自動車材料として使用量が増えてきている．しかし，ヤング率も鉄の 1/3 しかないため剛性が必要な部

7.1 アルミニウムおよびアルミニウム合金

表7.1 アルミニウムの特性[1]

性　質	高純度アルミニウム (99.996％)	普通純度アルミニウム (99.5％)
原子番号	13	—
原子量	26.98	—
結晶構造(fcc)，格子定数 293 K〔nm〕	0.404 94	0.404
密度 293 K〔$\times 10^3$ kg/m^3〕	2.698	2.71
融　点〔K〕	933.2	～923
沸　点〔K〕	2 750	—
溶融潜熱〔$\times 10^{-3}$ J/kg〕	396	389
比　熱 293 K〔J/kg〕	916	958
凝固収縮〔体積％〕	—	6.6
線膨張係数　293～373 K〔$\times 10^{-6}$/K〕	24.6	23.5
293～573 K〔$\times 10^{-6}$/K〕	25.4	25.6
熱伝導率　293～673 K〔W/m・K〕	238	234
電気抵抗率　293 K〔$\times 10^{-8}$ Ω・m〕	2.69	2.92
体積磁化率〔$\times 10^{-5}$ H/m〕	9.90	9.88
反射率　λ＝250；500；2 000 nm〔％〕	—	87；90；97

位への使用には注意を要する．融点は 660℃ と低く，電気・熱伝導性に優れ，熱，光，電波に対する反射率が高い．さらに，非磁性で低温靭性にも優れている．アルミニウムは押出し，鍛造などの塑性加工性，切削性，鋳造性，溶接性に優れているため，さまざまな複雑形状の素形材，製品への加工が容易である．しかし，プレス成形性は同じ強度の鋼より劣る．

アルミニウムは活性な金属で酸化しやすく，空気中で表面に薄くて緻密な酸化皮膜を生成する．この皮膜が腐食性の雰囲気や溶液からアルミニウムを保護するため，アルミニウムは優れた耐食性を示す．この酸化皮膜をより厚く，緻密に形成させる陽極酸化処理（アルマイト処理）によって，さらに耐食性を高めることができる．耐食性で留意すべきことは，鉄鋼材料と接合すると腐食電流が流れて鉄鋼材料の腐食が促進されることである．それゆえ，自動車部材にアルミニウムと鉄鋼材料がハイブリッドで使用される場合，絶縁体などで両金属が直接に接触しないように工夫されていることが多い．

純アルミニウムは，軟らかく，展延性に富んではいるが，強度が低く，構造用材料としては不向きで，アルミ箔などの家庭用品，日用品，電気器具，送配

電線用材，放熱材などに使用されている．構造材料として使用する場合は冷間加工による強化が図られている．

アルミニウムに関しても鉄鋼材料と同様に，高強度化や特性の向上を目的に数々の合金が開発されている．

アルミニウム合金は展伸用合金と鋳物用合金に大別され，さらに，それぞれ，熱処理型合金と非熱処理型合金に分類される．鋳物用合金には，砂型，金型鋳物用合金とダイキャスト用合金とがある．熱処理型合金とは溶体化処理をし，その後の時効処理による析出強化で強度が増す合金である．アルミニウム合金のJISによる成分別分類を**表7.2**に示す．

表7.2　アルミニウム合金のJISによる成分別分類

系列	処理		用途
1000系（純アルミ）			放熱材，反射板，アルミ箔，送配電用材料
3000系（Al-Mn系）	非熱処理	展伸用	厨房用品，建材，容器，アルミ缶胴部
4000系（Al-Si系）			鍛造ピストン，耐摩耗部品
5000系（Al-Mg系）			装飾用材，建材，ハニカムコア，建築用材，缶蓋材，船舶，車両，低温用タンク，化学プラント，自動車ボディー
2000系（Al-Cu系）	熱処理		航空機用材，各種構造材，機械部品
6000系（Al-Mg-Si系）			建材サッシ，鉄道車両，自動車ボディー，クレーン
7000系（Al-Zn-Mg系）	非熱処理		航空機用材，新幹線車両，金属バット
Al-Si系（シルミン）		鋳造用	薄手・複雑形状の部品
Al-Mg系（ヒドロナリウム）	熱処理		架線金具，事務機器，光学機械
Al-Cu系（ラウタル）			架線用部品，自動車部品，航空用油圧部品
Al-Si-Mg系（ガンマシルミン）			ホイール，エンジン部品，シリンダーヘッド，ギアボックス

ここでは，塑性加工に関わりの深い展伸用合金について説明する．1000系は工業用純アルミニウムで，それにCuをおもな添加元素として加えたものが2000系（Al-Cu系）合金であり，ジュラルミン（2017）や超ジュラルミン（2024）が有名であり，代表的な熱処理型合金である．しかし，この合金はアルミニウム合金の中では，最も耐食性に劣り，応力腐食割れ感受性も高い．ま

た，溶融溶接性にも劣るため，接合にはリベットや抵抗溶接が用いられる．

　Mnがおもな添加元素である3000系合金（Al-Mn系合金）は，純アルミニウムの加工性，耐食性を低下させることなく，強度を少し増加させた3003や，これにMgを1％程度添加してさらに強度を上げた3004が代表的合金である．

　Siがおもな添加元素である4000系合金（Al-Si系合金）は，ほとんどが鋳造用として用いられ，板材は少ない．

　5000系合金（Al-Mg系合金）は，代表的な非熱処理型合金であり，Mgの固溶強化によって強度を上げている．成形性や耐食性，溶接性が良好で，中強度の合金として，広範な用途に使用されている．

　6000系合金（Al-Mg-Si系合金）は，中強度の熱処理型合金であり，押出し加工性に優れているため，建材のサッシや新幹線などの鉄道車両，その他の構造材に多く使用されている．サッシ用合金としての6063，鉄道車両用としての6N01，各種構造用としての6061合金が代表的合金である．プレス成形性は5000系合金より劣るが，BH性（塗装焼付け工程の熱処理で強度が増加する性質）があるため自動車のパネル材としての使用量が増加している．自動車用アルミニウム合金としては6016，6022などの合金が用いられている．BH性は中間相β'-Mg_2Siの析出強化で得られる．また，自動車用アルミニウム合金の課題に高強度化に伴うヘム加工時の割れの顕在化が挙げられる．この相反する特性を両立させるための適切な組織制御の研究開発が積極的に進められている．

　7000系合金（Al-Zn-Mg系合金）は，アルミニウム合金中で最も高い強度を示す合金であり，Cuを含有した7075が代表的な合金である．本系合金もAl-Cu系合金と同様に，溶融溶接性や耐食性，応力腐食割れ特性に劣るため，使用に際しては，リベットやボルトなどの機械接合やクラッド材が適用されている．

　鋳造用アルミニウム合金について簡単に触れておく．鋳造用アルミニウム合金にはAl-Cu系，Al-Si系，Al-Mg系がある．Al-Cu系合金は耐熱性があり，強さ，伸びともに大きく切削性も良好であるが，鋳造性が悪い．アルミニウム

は凝固収縮が大きく，溶解時にガス吸収が大きいため，元来，鋳造しにくい金属であるが，Siを添加すると，溶湯の流動性が向上し，鋳造性が良くなる．そのため，上記合金系の中でAl-Si系合金が最も多くの用途に使用されている．なお，本合金は粗大なSi結晶が晶出して機械的性質が劣化するという欠点があるために，溶湯に微量のNaを添加してSiを微細に晶出させる改良処理が行われる．この合金の欠点である耐気密性を改善するためにSiを下げ，Mgを加えたのがAl-Si-Mg系合金で，耐食性も耐振性も良いのでエンジン部品などに用いられている．Al-Mg系合金は強度，伸びともに鋳物用アルミニウム合金の中で最も優れ，耐食性，切削性も良好である．

アルミニウム（以降，合金を含んだ総称とする）は，鉄鋼材料に比較して特に優れているのが押出し成形性である．この特徴を生かして製造されているのが建材のサッシである．また，アルミニウムの優れた成形性の一つがへら絞り加工である．へら絞り加工は，素材またはある程度成形してある中間薄板製品を専用のへら絞り旋盤に取り付けた型と一緒に回転させ，へら棒やローラを工具として押付け成形する方法である．この方法は，外周が円形の比較的底の浅い容器や，反射鏡，自動車用ホイールなどの成形に用いられている．

アルミニウムは張出し性，深絞り性，曲げ性，形状凍結性などのプレス成形性に関しては同強度の鋼材に比べると劣る．これは延性，r値，ヤング率が低いことが原因である．そのため，発生ひずみ量が低減されるような金型形状や材料の流れ込みを促すドロービード形状を選択する必要がある．

図3.10に示したアルミニウムの延性に及ぼす特異な温度依存性を生かして，温間成形や高温ブロー成形，そして低温成形技術が開発されている．

アルミニウムの切削性は鉄鋼材料に比べると優れている．それは熱伝導性がよいためで，その結果，高速切削や大きな切込みや送り量を取ることができ高い作業効率が得られる．

アルミニウムの接合は，大別して，溶接，ろう接，機械的接合，接着の四つの接合法に分類されるが，中でも溶融溶接が主流である．アルミニウムは鉄と比べて融点は低いが，比熱，溶融潜熱が大きく，熱伝導が良いため，溶融させ

7.1 アルミニウムおよびアルミニウム合金

るには多量の熱を急速に与えなければならない．また，電気抵抗が鉄の約 1/4 と小さいため，抵抗溶接では大電流が必要である．アルミニウムは高温に加熱されると強固な酸化皮膜が形成されるため，この生成を極力防ぐためにアルゴンやヘリウムなどの不活性ガスを用いた TIG または MIG 溶接を行う．さらに，アルミニウムは熱による膨張・収縮が大きいため溶接による熱ひずみを生じやすく，溶接物の変形に注意が必要である．このほか，加工硬化や析出硬化した合金では，溶接熱影響部で回復・再結晶，析出物の溶解・粗大化が起こって強度低下を招くことも注意点である．電子ビーム溶接やレーザ溶接は熱源を集中させることができるため，熱影響の幅が小さく，熱ひずみによる変形も少ない溶接法として利用されている．このほか，近年，高速で回転するツールと被溶接材との間の摩擦熱を利用して溶接する摩擦攪拌溶接（friction stir welding, FSW）が開発され，鉄道車両の溶接などに適用されている．

アルミニウムに良好な耐食性，装飾性，耐摩耗性などを付与するために表面処理がなされることがある．代表的なものに陽極酸化皮膜処理，着色，塗装，機械的表面処理，化成皮膜処理，光輝皮膜処理（光沢処理），ほうろう，めっきなどが挙げられる．また，イオンプレーティング，スパッタリング法なども利用されている．

ここでは，よく用いられる陽極酸化処理について説明する．これは電解液中でアルミニウムを陽極にして電流を流し，アルミニウム表面に酸化被膜を生成させる処理である．電解液の種類によって被膜の状態が変化し，用途によって均一無孔質，多孔質との多層構造などに作り分けることができる．後者の被膜の場合，加圧水蒸気で 20 分以上，沸騰水で 60 分以上浸漬することで表層の酸化物が水酸化物に変化して体積膨張を起こし，微小孔が封孔され，耐食性がさらに向上する．陽極酸化処理はこの封孔処理を含めた総称である．また，電解浴中に金属塩を添加すると陽極酸化被膜の形成と着色を同時に行うことができる．

7.2 チタンおよびチタン合金

チタン（titanium）は，自然界ではルチル鉱石やイルメナイト鉱石に含まれる二酸化チタン（TiO_2）の形で存在する．チタンは酸素との親和力が強く，還元処理や不純物除去のための製錬が難しい．製錬工程では二酸化チタンを塩素化プロセス

$$TiO_2 + 2C + 2Cl_2 \rightarrow TiCl_4 + 2CO \tag{7.1}$$

により $TiCl_4$ として，これを還元することによりスポンジチタンを得る．還元方法には Mg を還元剤としたクロール法

$$TiCl_4 + 2Mg \rightarrow Ti + 2MgCl_2 \tag{7.2}$$

が用いられることが多い．スポンジチタンは真空，あるいはアルゴン雰囲気でアーク溶解により鋳塊にされ，その後，ブルームにされて，分塊圧延，熱間圧延，線材圧延，冷間圧延，焼鈍などの経てさまざまな素材が製造される．ただし，熱間圧延でコイル状に巻くことができるチタンは工業用純チタン，多くの β 合金，アルミニウムの添加量が比較的少ない α 合金，そして $\alpha + \beta$ 合金の一部である．その中で冷間圧延が可能な材料もゼンジミアミル（Sendzimir mill）のような特殊な圧延機を用いなければならない場合が多い．高強度チタン合金の大部分は冷間圧延が難しく，部品製造には熱間鍛造，粉末冶金法，鋳造が用いられることが多い．

純チタンの特性を**表7.3**に示す．チタンはきわめて優れた耐食性を示し，各種塩類を含む水溶液やガスとはほとんど反応せず，高温・高濃度の塩類，硫酸，ふっ酸を除いて酸化性腐食溶液に対して耐食性を持ち，また耐海水性にも優れる．大気中での酸化は430℃以下ではほとんど起こらず，生体に対しても毒性を持たない．さらに，陽極酸化処理によりさまざまな発色が可能である．これらの特性から航空宇宙・自動車・スポーツ用品（高比強度），建材・化学プラント（耐食性），医療・インプラント材（生体適合性），眼鏡・カメラなどの民生品（意匠性）へと多様な用途に使用されている．

表7.3 チタンの特性

項　目	特　性
融　点	1 668℃
同素変態温度	885℃（高温側：bcc β 相，低温側：hcp α 相）
20℃の密度	4.51×10^3 kg/m^3
電気抵抗率	$47 \sim 55 \times 10^{-8}$ Ω·m
比　熱	0.52 kJ/(kg·℃)
熱伝導率	17.2 W/(m·℃)
線膨張係数（0〜100℃）	8.4×10^{-6} ℃$^{-1}$
ヤング率	106 GPa

純チタンの機械的性質はO，N，H，Cなどの侵入型元素の含有量によって大きく影響を受け，置換型元素のFeとともに不純物元素として管理されている．工業用の純チタン（commercially pure titanium，CP-Ti）のJIS規格ではこれらの元素量が規定されており，おもにOとFe量によって表7.4に示すように四種類のCP-Tiがグレード分けされている[2]．化学成分は最大含有量を示す．O，N，C含有量の増加とともに引張強さ，耐力，硬さは上昇し，伸びや靭性は低下する．また，Hも水素化物の析出を生じて靭性を低下させる．

表7.4 工業用純チタンの分類と組成[2]

JIS	化学成分〔%〕					
	C	H	O	N	Fe	Ti
1 種	—	0.015	0.15	0.05	0.20	残
2 種	—	0.015	0.20	0.05	0.25	残
3 種	—	0.015	0.30	0.07	0.30	残
4 種	—	0.015	0.40	0.07	0.50	残

チタンも強度や特性の向上のためにさまざまな合金が開発されている．チタン合金は α 型，$\alpha+\beta$ 型および β 型合金に分類される．それらの代表的な合金の組成と機械的性質を表7.5に示す（工業用純チタンの機械的性質も併せて示す）．合金に添加される元素は α 相安定化元素（Al，Sn，O，Nなど），β 相安定化元素（Mo，V，Ta，Nbなど），そして β 相を共析変態させる元素（Fe，Cr，Mn，Co，Niなど）があり，これらの元素の組合せや添加量により必要な

表7.5 チタン合金の組成と機械的性質[3]

種類	合金〔mass%〕	熱処理	引張強さ〔MPa〕	耐力〔MPa〕	伸び〔%〕	備考
純チタン	CPチタン，JIS 1種，0<0.15%	焼なまし	270～410	>165	>27	耐食性
	CPチタン，JIS 2種，0<0.20%	焼なまし	340～510	>215	>23	耐食性
	CPチタン，JIS 3種，0<0.30%	焼なまし	480～620	>345	>18	耐食性
	CPチタン，JIS 4種，0<0.40%	焼なまし	550～750	>485	>15	耐食性
α型合金 (near α型)	Ti-0.12～0.25Pd，JIS 1種，0<0.15%	焼なまし	270～410	>165	>27	耐食性・耐すき間腐食性
	Ti-0.12～0.25Pd，JIS 2種，0<0.20%	焼なまし	340～510	>215	>23	耐食性・耐すき間腐食性
	Ti-0.12～0.25Pd，JIS 3種，0<0.30%	焼なまし	480～620	>345	>18	耐食性・耐すき間腐食性
	Ti-5Al-2.5Sn	焼なまし	860	800	18	クリープ特性
	Ti-8Al-1V-1Mo	時効硬化	1 000	950	15	高強度
	Ti-6Al-2Sn-4Zr-2Mo-0.1Si	時効硬化	980	890	15	耐熱性・耐クリープ性
	Ti-6Al-5Zr-0.5Mo-0.25Sn	時効硬化	1 060	890	12	耐熱性・耐クリープ性
α+β合金	Ti-6Al-4V，JIS 60，60E種	焼なまし / 時効硬化	990 / 1 170	910 / 1 100	14 / 10	強度・耐食性汎用合金，鋳造材，加工材
	Ti-3Al-2.5V，JIS 61種	焼なまし	>620	>485	>15	加工性，溶接性，耐食性
	Ti-6Al-6V-2Sn	時効硬化	1 270	1 170	10	高強度合金，加工性
	Ti-6Al-2Sn-4Zr-6Mo	時効硬化	1 260	1 180	10	焼入れ性大，耐熱性
	Ti-10V-2Fe-3Al	時効硬化	1 270	1 200	10	高強度
	Ti-11Sn-5Zr-2.5Al-1Mo-1.25Si	時効硬化	1 100	1 000	10	耐熱性
β型合金	Ti-13V-11Cr-3Al	焼なまし / 時効硬化	1 100 / 1 270	890 / 1 200	16 / 8	高強度
	Ti-11.5Mo-4.5Sn-6Zr	焼なまし / 時効硬化	860 / 1 380	820 / 1 310	— / 11	高強度・加工性
	Ti-4Mo-8V-6Cr-3Al-4Zr	時効硬化	1 400	1 370	7	高強度・加工性
	Ti-15Mo-5Zr	時効硬化	1 400	—	7.5	高強度・加工性・耐食性
	Ti-15Mo-5Zr-3Al	時効硬化	1 470	1 450	14	高強度・加工性
	Ti-8Mo-8V-2Fe-3Al	時効硬化	1 300	1 230	8	高強度・加工性

材質が作り込まれる．

7.2.1 α型チタン合金

α型チタン合金は室温でα単相組織を示す合金である．強度上昇を目的としたαチタン合金は，置換型元素のAl, Sn, Zrなどを加えて固溶強化している．特に，Alの固溶強化能は大きく，1％の含有で引張強さが約125MPa上昇する．ただし，Alがおよそ7％を超えると，hcp規則相のTi_3Al化合物が生成し，靭性が劣化する．この化合物の生成を防ぎ，かつさらに強度を上げるためにほかのα相安定化元素やβ相安定化元素を組み合わせて添加する．αチタン合金は耐熱性に優れ，500℃以下では鋼やニッケル合金，βチタン合金よりも耐熱性がある．また溶接性にも優れている．

Ti-5％Al-2.5％Sn合金はαチタン合金の代表的合金である．高温強度，クリープ特性が優れ，また低温靭性も良好である．強度をさらに高めるため少量のβ相安定化元素を加えたTi-8％Al-1％Mo-1％V合金，Ti-6％Al-2％Sn-4％Zr-2％Mo-0.1％Si合金やTi-6％Al-5％Zr-0.5％Mo-0.25％Si合金などがある．これらは少量のβ相を含有するため，nearαチタン合金と呼ばれる．

α相に固溶するPdを0.12〜0.25％加えたα型Ti-Pd合金は，Tiの還元性酸に対する耐食性を改善し，特に耐すき間腐食性に優れた耐食性チタンとして用いられている．

7.2.2 α+β型チタン合金

熱間加工で製造されるα+β型チタン合金は，一般にβ相領域（およそ1 000℃）で圧延あるいは鍛造され，α+β領域温度での熱間加工により均一微細な等軸組織が得られる．また，熱処理によって製造される多くのα+β型チタン合金はα+β相領域あるいはβ相領域で溶体化処理され，その後急冷され，400〜600℃で時効処理されることにより，β相中に微細なα相を分散した組織を形成する．このような微細等軸組織を呈する合金は一般に強度-延性バランス，疲労寿命に優れる．

$α+β$合金は$α$合金よりも一般に高い強度を示す．最も代表的な合金がTi-6％Al-4％V合金（6-4合金）で，熱処理により引張強さが1 200 MPaに達し，低温靭性も高く，加工性，溶接性も優れ，加工材，鋳造材として最も汎用性が高く，世界で生産されているチタン合金の3/4近くを占めている．蒸気タービン翼，航空機タービン部品，戦闘機胴体・翼，船舶用スクリュー，人工関節，自動車部品，ゴルフヘッド・シャフトなどに広く使用されている．この合金の焼入れ性を改善した耐熱合金にTi-6％Al-2％Sn-4％Zr-6％（2％）Mo合金がある．

$α+β$型チタン合金の熱処理における組織変化について詳述する．本合金を$α+β$相の高温域あるいは$β$相域に再加熱したあと，急冷すると，$β$安定化元素の量が比較的少ない場合，$β$はマルテンサイト（hcp構造の$α'$や斜方晶の$α''$）に変態するか，微細な針状$α$が生成する．この時点で高強度化は達成されるが，延性，靭性を確保するためには，その後，時効処理を行う．ただし，時効条件によっては三方晶の$ω$相が析出して脆化が起こる場合があるので注意を要する．一方，$β$安定化元素の量が多い場合は$β$が多く残存する．これを時効処理すると微細な$α$相，マルテンサイト相が析出して高強度化が達成される．ただし，$ω$相が析出すると脆化が起こる．加工と熱処理を組み合わせて結晶粒を数μm以下にした$α+β$合金は超塑性現象を発現することがある．

7.2.3　$β$型チタン合金

$β$型チタン合金は$β$が安定な温度域から急冷したとき，マルテンサイト変態が起きずほぼ100％$β$相が残留する合金である．bcc構造の$β$相は熱間および冷間加工性がよく，弾性特性に優れ，比強度も高い．$β$相安定化元素を多く添加すると，高加工性や機能性に優れた性質が発現する．特に，人工骨の特性に必要な低ヤング率や，高加工性を発現する双晶誘起塑性，形状記憶効果，加工硬化しない変形挙動など多彩な機能が発現することが明らかにされている．

$β$型チタン合金の時効に伴う組織変化は前述した$α+β$型合金の$β$安定化元素の多く入った場合と同様に$α$相，マルテンサイト相，$ω$相が時効条件によっ

て生じる.実用合金では,Al,Zr,Snを共存させてω脆性の発生を抑制し,時効硬化特性を改善している.

特殊なβ型合金にゴムメタルがある.ゴムメタルの基本塑性はTi_3(Nb, Ta, V)+(Zr, Hf)+Oで,伸びが99.9%に達する超塑性的特性を示すが,その変形が非転位型塑性変形によってもたらされるというきわめて特異な合金である.そのほかにも超弾性,エリンバー特性,インバー特性を発現する.ゴムメタルの詳細については文献を参照されたい[4]).

7.2.4 チタンの金属間化合物

さらなる特性の向上を目指してTi-Ni系合金,Ti-Al系合金,Ti-Nb系合金の金属間化合物が開発されている.Ti-Ni系合金は形状記憶・超弾性合金として有名である.形状記憶と超弾性は可逆的マルテンサイト変態によって発現する.形状記憶現象と超弾性現象を図7.1を用いて説明する.形状記憶現象とは母相を冷却してマルテンサイトにしたのち,変形後に再びA_f(マルテンサイトが完全に母相に逆変態する温度)以上に加熱して母相に変態させると形状が回復することをいう.ここでの変形は,すべりのような非可逆機構ではなく,双晶変形による可逆機構によって起こる必要がある.このような現象を起こす合金を形状記憶合金という.

形状記憶合金をA_f以上で負荷したときに加工誘起マルテンサイト変態のせん断機構で変形を起こした場合,除荷すると,すぐに逆変態が起こり,除荷のみで形状が回復する.弾性限度を超える大きなひずみが可逆的に回復するこの現象を超弾性と呼ぶ.すなわち,形状記憶合金は超弾性合金でもある.ただし,元の形状に完全に戻るには臨界のひずみを超えてはならない.Ti-Ni合金の場合は8%程度である.Ti系の形状記憶合金としてはほかにTi-Pd,Ti-Au,Ti-Ptなどの金属間化合物が知られている.また,Ti-24% Nb-3% AlやTi-10% V-2% Fe-3% Alなどのβ合金でも形状記憶効果が発現することが報告されている.他元素の合金で形状記憶現象を示す合金としてCu系合金あるいはFe系合金なども開発されているが,現在実用化されている多くのものがTi-Ni

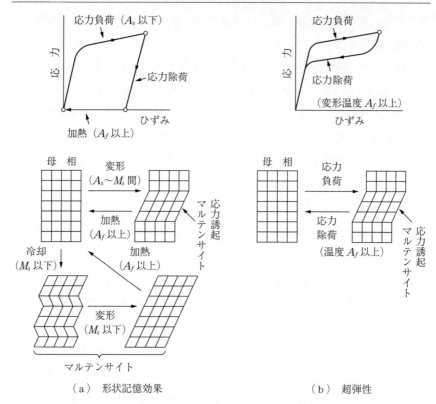

図7.1 形状記憶現象および超弾性の発現機構[3]

合金である．実用化例として，パイプ継手，温度感応型アクチュレータなどが挙げられる．

Ti-Al 金属間化合物は高温強度，耐酸化性に優れているため耐熱材料として使用されている．具体的には吸引鋳造法で製造されたタービンホイールが実用化されている．

Ti-Nb 系合金としては超電導材料である Nb-Ti 金属間化合物がよく知られている．本合金の臨界温度は 6 T の磁場で 6.7 K と低いが，製造性（加工性がよく超細線加工ができる）が良いため大半の超電導コイルがこの合金によって製造されている．また，超伝導性が消失するクエンチを阻止するためには超電導コイルに磁束線の動きをピン止めするには転位，粒界，第二相などの不均質点

を材料内部に導入しなければならないが，Nb-Tiは377℃前後の時効処理でα合金が析出し，有効なピン止め効果を果たす．

　つぎに，チタンの成形性などの特性について述べる．hcp構造の金属はすべり系が限定されるために，一般に塑性変形は困難であるが，マグネシウムのようなほかのhcp金属に比べるとhcpチタンの変形能は高い．工業用純チタンの成形性は純度の高い一種が最もよく，O，Feが増加しグレードが下がるほど悪くなる．チタンはr値が高く深絞り成形には適した材料ではあるが，焼付きが起こりやすいので潤滑に注意を要する．焼付き防止には陽極酸化処理が有効である．また，潤滑剤としては二硫化モリブデン固体潤滑剤や，プレコートフィルムなどが有効である．チタン板のプレス成形でたびたび問題になるのが大きな異方性である．また，スプリングバックもヤング率が低いため鋼板より大きくなる．α型合金はアルミの添加量が少なければ工業用純チタンに準ずる成形性を示すが，アルミの添加量が増えると成形性は低下する．

　チタンの切削性は，① 熱伝導率が小さいため切削熱が刃先に集中して切削部の温度上昇をもたらし，工具の摩耗が助長される，② 弾性係数が小さいため，加工物が変形しやすく加工精度の低下やびびりが起きやすい，③ 断続的な変形により切りくずが生成されるため，刃先に加わる力が変動して破損しやすくなる，などの理由で鋼材より劣る．

　高速切削では刃先の温度上昇を低下させるために，冷却効果が大きい水溶性切削油が用いられるが，低速切削では摩耗低減や焼付き防止のために非水溶性切削油が用いられる．

　チタンは難溶接材料として知られている．チタンはN，O，Hを吸収すると硬化ならびに脆化を起こすため大気中での溶融溶接は難しい．それゆえ，チタンの溶接には一般にTIG溶接が用いられる．この場合もシールド性を高める対策としてアフターシールド，バックシールドなどの補助シールドが通常行われる．そのほかの溶接法としてプラズマ溶接，MIG溶接，電子ビーム溶接，レーザ溶接，抵抗溶接などが適用されている．使用する溶接材料は母材にマッチした材料がJISによって規格化されていることが多い．

そのほかの接合方法としてろう付けがあるが，この場合もシールドによってN，O，Hの吸収を妨げることが肝要である．チタン用のろう材としては銀系，アルミニウム系，チタン系が用いられる．特に，チタン系は強度，耐食性に優れる．

また，近年高融点材料の接合にも耐えられるツール材料が開発されたおかげでチタン材の摩擦撹拌接合も行われるようになった．安全性が重視される航空部品の接合では特に注目されている．

チタンでは固相接合法が用いられることがある．これは金属の新生面どうしを接触させて加圧することにより金属接合することで，拡散を伴う高温で行う場合は固相拡散接合という．この接合方法はほかの金属とのクラッド材の作製にも用いられる．ただし，圧接処理を長時間行うと界面に脆い合金相ができることがあるので注意を要する．

このようにチタンは鉄鋼材料に比べて接合が難しく，コストがきわめて高くなるため，材料を選択する場合，単に素材コストだけではなく，成形，接合などのコストも考慮する必要がある．素材コストでは鉄鋼材料の十数倍であったものが，構造部材として成形，接合されたのちのトータルコストが素材コスト差のまた数倍なることもありえる．

チタンは，きわめて優れた耐食性を有するために耐食性向上のための表面処理が行われることはほとんどない．チタンの表面処理では意匠性を高める処理が多い．表面の粗度調整や人工的に凸凹を形成することで光沢の異なる表面を得るために，鏡面仕上げ，酸洗肌，ショットブラスト，ヘアライン加工，エッチング処理などが行われている．

また，着色によって意匠性を高める方法として陽極酸化処理がある．チタンを陽極にして電解液中で電流を流し，酸化被膜の厚さを調整することで，光の干渉効果で色調を変化させることができる．膜厚の増加に従い，黄金色，茶色，青色，黄色，紫色，緑色，黄緑色，桃色へと変化する．それを利用して意匠性に優れた建材として屋根などに使用されている．以前，酸性雨などで酸化が促進され，酸化膜が厚くなったことで黄金色の屋根が紫色に変色したという

不本意な事例が報告されたが,近年では耐酸化性の優れたチタン建材が開発され変色の問題は解消されている.

7.3 マグネシウムおよびマグネシウム合金

マグネシウム (magnesium) は,炭酸塩,硫酸塩,珪酸塩,塩化物などに含まれている.金属マグネシウムは,マグネシウムを含む炭酸塩や塩化物を電気分解法あるいは熱還元法によって精錬して得ることができる.大量生産には電気分解法が適しており,鉱物や塩化物に薬品を加えることにより $MgCl_2$ や $Mg(OH)_2$ などのマグネシウム化合物溶液をつくり,これを電解することによりマグネシウムを得る.一方,熱還元法は酸化マグネシウムに還元剤を混ぜて高温に加熱し,マグネシウムを得る方法である.小さな設備投資ですむため,小規模工場の精錬方法として利用されることがある.マグネシウムの比強度は比較的高いものの絶対強度値は低いため,高強度化のためにほかの元素を添加してマグネシウム合金として利用されることが多い.また,耐食性,耐燃性などの改善のための合金添加も行われている.マグネシウムは α チタンと同様に hcp 構造で難成形であるが,チタンよりさらに塑性加工性が悪く,通常は冷間圧延ができない.マグネシウムの薄板は 200℃ 以上の温度での温間圧延か,双ロールによるニアネットシェープ鋳造で製造される.

表 7.6 に純マグネシウムの物理的特性を示す.マグネシウムは原子番号 12,融点 650℃,比重 1.74(25℃において)の銀白色の軽金属である.密度がアルミニウムの約 2/3,鉄の約 1/4 と低い.さらに,電磁遮蔽能,防振性,耐くぼみ性,低比熱などの優

表 7.6 純マグネシウムの物理的特性[5]

項　目	測定温度〔K〕	性　質
結晶構造		最密六方晶 (hcp)
格子定数		$a = 0.320\ 92$ nm
		$c = 0.521\ 05$ nm
融　点		923 K
密　度	278	1.738 g/cm³
比　熱	293	1.05 kJ/kg·K
熱膨張率	273 ~ 473	27.0×10^{-6} K⁻¹
熱伝導率	293	167 W/m·K
電気抵抗率	293	4.45 μΩ·cm
縦弾性係数	293	44.3 GPa

れた特性を有している．バージン材を製造するのに対してリサイクルに必要なエネルギーは5％程度なため，アルミニウムと同様にリサイクル性に優れているが，リサイクルのシステムが不十分でリサイクル率はまだ低い．用途としては自動車や飛行機などの輸送機器，あるいはノート型パソコン，カメラ，携帯電話のケースなどが挙げられる．

マグネシウムは，通常，強度，加工性，耐熱性，耐食性などの特性の向上のため，合金元素を添加して利用されることが多い．マグネシウム合金の最も基本的な添加元素は Al，Zn，Mn，Zr である．Al を 3％，Zn を 1％加えた AZ31Mg 合金は塑性加工性がよいため，代表的な展伸用マグネシウム合金として知られている．また，鋳造用マグネシウム合金としては，Al を 9％，Zn を 1％加えた AZ91Mg 合金がある．強度的には優れるものの塑性加工性が悪い．また，Ca 添加はマグネシウム合金の耐熱性，耐食性，耐燃性を向上させることから，自動車エンジンの構造材料として利用されはじめている．Y，Nd などの希土類を添加したマグネシウムは 400 MPa 程度の強度を示すことから，次世代の軽量構造材として注目されている．

一方，耐食性を著しく阻害する Fe，Ni，Cr，Cu などの不純物元素は厳しく管理，制限する必要がある．

圧延と同様に，マグネシウム板のプレス成形は冷間では難しく，一般には 200℃ 以上の温間で行われる．温間成形で留意すべき点は最適な成形温度が存在することと熱膨張・収縮による寸法精度の低下を抑制することである．また，効果的な潤滑も課題となる．冷間で行う場合は逐次成形のような特殊な成形技術が用いられる．

マグネシウムの熱間押出性は良好で，融点，熱伝導率，熱膨張率，熱間変形抵抗などがアルミニウムと大差がないため，同じ設備で行うことができる．

塑性変形による部品の作製が難しいため，マグネシウム部品の製造には鋳造・ダイキャスト，射出成形などが用いられることが多い．ただし，材質的には熱間鍛造材のほうが優れている．

マグネシウムは切削性に優れている．ただし，切削くずは発火しやすいので

注意を要する．切削抵抗はアルミニウムの約1/2，軟鋼の約1/5と低く，発熱も少ないので高速切削ができ，工具は長寿命で容易に鏡面仕上げができるなどの利点がある．

マグネシウムの接合法は同じ活性な金属であるチタンの接合法が適用できるので，7.2節を参照されたい．

マグネシウムは非常に腐食しやすい金属のため防食処理が重要となる．特に，異種金属と接触すると腐食電流が流れ，アノードとして働くマグネシウムは腐食が促進する．マグネシウムの表面処理は化成処理あるいは陽極酸化処理後に塗装を施す処理が主流である．マグネシウムに用いる化成処理液は，以前はクロム系であったが，環境規制の導入で，現在はおもにリン酸塩系が用いられている．陽極酸化処理については7.2節を参照されたい．塗装は下塗り塗料がエポキシ樹脂系塗料，上塗り塗料はアクリル系塗料が一般に用いられる．

7.4 銅および銅合金

銅鉱石には1%前後の銅（copper）が含有されている．それを鉱山で比重差などの物理的特性差を利用して銅の含有率を20〜30％にまで増加させる．これを原料にコークス，石灰石，珪砂(けいしゃ)を混ぜて溶錬炉で製錬が行われる．その後，転炉で不純物元素を除去して銅含有率約98％の粗銅が製造される．これを電解精錬することで高純度の電気銅が得られる．電気銅を還元性雰囲気中や真空中で溶解後，鋳造することで酸素を0.02〜0.05％ほど含んだタフピッチ銅インゴットが得られる．そして，さらなる還元処理を行って得られるものが，脱酸銅で，最も一般的に用いられる．また，還元雰囲気中で還元し脱酸すると無酸素銅が得られる．

銅は電気および熱の伝導度が良く，優れた耐食性を有する．導電性が良いことから銅の需要の半分以上が電気用材料として使用されている．**表7.7**に銅の物理的性質を示す．金属材料の電気伝導度の表示に国際軟銅標準（% IACS）がしばしば用いられている．これは従来の市販純銅の電気伝導度を基準にする

表7.7 純銅の物理的特性[3]

項　目	測定温度〔K〕	性　質
結晶構造		面心立方晶 (fcc)
格子定数		$a = 0.361\,465$ nm
融　点		1 357.8 K
密　度	293	8.96 g/cm^3
比　熱	273～373	386 J/kg・K
熱膨張率	273～373	17.0×10^{-6} K^{-1}
熱伝導率	273～373	397 W/m・K
電気抵抗率	293	1.694 μΩ・cm
縦弾性係数	293	110.2 GPa

もので, 20℃における比抵抗が $1.724\,1 \times 10^{-8}$ Wm のとき 100% IACS と定めて, ほかの材料の抵抗率を相対値で示す方法である.

工業用純銅は酸素の含有量によりタフピッチ銅, 脱酸銅, 無酸素銅の3種類に大別される. タフピッチ銅に含まれる微量の Cu_2O は, 還元性雰囲気で加熱したときに還元されて H_2O を発生し, 水素脆化が起こる. そのため, タフピッチ銅を溶接, ろう接に用いるのは不適当である.

脱酸銅は P, Si, Mn などの脱酸剤を用いて酸素量を下げたものである. このうちりん脱酸銅はリンを用いて脱酸して残留 P 量が 0.02% 程度としたもので酸素量がきわめて低いために水素脆化を生じないが, 応力腐食割れが起こりやすいという欠点がある. また, P が固溶しているため電気抵抗がかなり高く, 約 86% IACS となるので電気用材料として使うことは少ない. さらに, 無酸素銅は真空溶解により Cu_2O を分解させて酸素を除去することで, 酸素量は 10 ppm 以下になり, 不純物も少ないので, 導電率も良く水素脆化も起こらない. 近年では製錬・鋳造技術の向上により, 7N (純度 99.99999%) の超高純度銅も生産されるようになった.

銅は耐食性は良いが, 空気中に保持すると塩基性炭酸塩 (緑青) を生ずる. 淡水や海水に耐えるが, 硝酸には容易に溶解する. また, 銅アンモニア錯塩の溶解度が高いので NH_4OH やアンモニア塩溶液中では使用できない.

銅もさまざまな元素を添加して強度などの特性を上げ, 銅合金として利用されることが多い. おもな展伸用銅・銅合金の標準組成と機械的性質の標準値を表7.8に示す. 鋳造用合金は鋳造性, 切削性などが考慮されているので, この表とは組成なども多少違っている. 銅合金は固溶体高合金銅と低合金銅 (析出硬化型, 非析出硬化型) に大別される. それら合金の種類と性質について以下

7.4 銅および銅合金

表7.8 展伸用銅・銅合金の標準組成と機械的性質の標準値[5]

合金系	JIS記号	おもな化学成分〔mass%〕	質別	形状	引張強さ〔MPa〕	伸び〔%〕
無酸素銅	C 1020	Cu>99.96	O H	P P	>195 >275	>35 —
タフピッチ銅	C 1100	Cu>99.00	O H	P P	>195 >275	>35 —
りん脱酸銅	C 1220	Cu>99.90	O H	P P	>195 >275	>35 —
黄銅	C 2600	Cu=68.5〜71.5, Zn=残部	O H	P P	>275 410〜540	>40 —
黄銅	C 2801	Cu=59.0〜62.0, Zn=残部	O H	P P	>325 >470	>40 —
アドミラルティ黄銅	C 4430	Cu=71.0〜73.0, Sn=0.90〜1.2, Zn=残部	F	P	>315	>35
ネーバル黄銅	C 4621	Cu=61.0〜64.0, Sn=0.70〜1.5, Zn=残部	F	P	>375	>20
高力黄銅	C 6782	Cu=56.0〜60.5, Al=0.20〜2.0, Fe=0.10〜1.0, Zn=残部, Mn=0.50〜2.5	F	BE	>460	>20
アルミニウム青銅	C 6161	Cu=83.0〜90.0, Al=7.0〜10.0, Fe=2.0〜4.0, Ni=0.50〜2.0, Mn=0.50〜2.0	F H	P P	>490 >685	>30 >10
りん青銅	C 5191	Sn=5.5〜7.0, P=0.03〜0.35	O H 14	P P	>315 590〜683	>42 >8
洋白	C 7451	Ni=8.5〜11.0, Cu=63.0〜67.0, Zn=残部	O 1/2 H	P P	>325 225〜265	>20 >5
ベリリウム銅	C 1720	Be=1.80〜2.00	O H	P P	410〜540 685〜835	>35 >2
白銅	C 7060	Ni=9.0〜11.0, Fe=1.0〜1.8, Mn=0.2〜1.0	F	P	>275	>30

に述べる.

7.4.1 黄銅

Cu-Zn系合金とこれに少量の添加元素を加えて性質を改善したものを黄銅(brass)といい,真ちゅうと呼ばれることもある.銅に亜鉛を添加していくと銅赤色から黄金色に変化し,約50%でやや赤味を帯びた黄色に変化する.35

%Znまではfcc構造のα相であるが，それ以上Zn量が多くなるとbcc構造のβ相が現れ，α+βの二相組織となる．30%Znを含む70-30黄銅はα単相組織で，40%Znを含む60-40黄銅はα+βの二相組織である．

Cu-Zn合金に第3元素としてMn, Sn, Fe, Al, Ni, Pbなどの一種またはその組合せの添加により，耐食性，強度などを改善したものを特殊黄銅という．これらの元素は新しい相を出現させずに，黄銅の構成組織であるαおよびβ相中に固溶して各相の量的割合のみを変化させる．

黄銅はZn含有量が多くなるほど応力腐食割れに敏感になる．銅および銅合金に応力腐食割れを発生させる腐食媒としては，空気中の水分と酸素の存在のもとでのアンモニアが最もよく知られている．応力腐食割れを発生させないためにはSiの添加が有効であり，残留引張応力を低温焼なましによって除去することも重要である．

7.4.2 青　　銅

青銅（bronze）とは，以前はCu-Sn合金のことであったが，現在ではZn以外の合金元素，例えばアルミとの銅合金も含めて青銅と総称する．すず青銅は偏析を起こしやすく，α相組成の合金であっても硬い中間相が現れ，展伸材では問題となる．また，溶解のときすずが酸化して酸化すず粒子となり，これが溶湯の粘度を増し，湯流れを阻害して鋳造性を悪くしたり，機械的性質を低下させるので，実用合金には脱酸剤のP（展伸用合金），Zn（鋳物用合金）などが必ず添加されている．またPの添加は切削加工性も改善する．

リン青銅はPを脱酸剤として使用し，合金中にPを約0.03～1.5%程度含有し，流動性，弾性，強度，耐摩耗性を改善したものである．

アルミニウム青銅はAlを5.0～8.0%を含む展伸用合金と9～10% Alを含む鋳物用合金とがある．すず青銅より強度が高く，また耐熱性，耐食性も良いので塑性加工品としての発展が期待される．

7.4.3 白銅および洋白・洋銀

Ni を 10～30％含む Cu-Ni 合金を特に白銅（white copper）と呼ぶ．塑性加工性が良く深絞り性に富み，耐食性に優れているので復水器管用，熱交換器用に使用される．銅に Ni を 17～25％，Zn を約 18％加えた合金は洋白または洋銀と呼ばれ，銀白色を呈し耐食性，耐熱性，機械的性質，特にばね特性が良いので硬貨，装飾品，食器，家具，電気用材料，ばねなどに使用される．

7.4.4 そのほかの合金銅

析出強化を利用した時効硬化性銅合金が開発されている．ベリリウム銅は Be を約 2.5％まで含む合金で強度，導電率，耐摩耗性に優れているので，電気用ばね材料として，また打撃時に火花が飛散しないため引火環境での安全工具としても用いられる．

そのほかの時効硬化性銅合金として，析出硬化状態で 80％ IACS 以上の高い導電率を示すクロム銅合金，Ni_2Si 量を 1～5％含有し Mn，Al，Zn などを添加した導電率，強度ともに高いコルソン合金や，チタン，ジルコニウム銅などがある．

つぎに，成形性，切削性について述べる．純銅は fcc 構造を持ち，塑性加工性はきわめて良好である．熱間加工性も良く，800～950℃で高度の加工ができる．純銅の再結晶温度は 130℃程度であるが，100 ppm 程度の Zr，Cd，Sn，Sb，Ag，P などが再結晶温度を 300℃前後までに高める．銅の軟化焼なましは 250～500℃で行われる．銅を冷間圧延すると {110}⟨112⟩ を主方位に持ち，{112}⟨111⟩ 方位も比較的強い圧延集合組織が形成される．焼なましされた状態では {100}⟨001⟩ を主方位に持つ再結晶集合組織が形成される．また，被削性はきわめて優れている．

30％ Zn を含む 70-30 黄銅は α 単相組織で深絞り性がきわめて良好である．黄銅の α 相は室温での塑性加工性はよいが，β 相が現れると硬くなり加工性も悪くなる．亜鉛が 45％以上になると脆化が激しく成形が難しくなる．しかし，β 相は高温では α 相よりも変形抵抗が小さいので，$\alpha+\beta$ 相の合金は α 単相合

金よりも熱間加工性は優れている．切削性の改善のためにBiを添加した黄銅も開発されている．

銅および銅合金の溶接には，おもにガス溶接ならびにイナートガス溶接が用いられる．ガス溶接は純銅ならびに黄銅に使用され，温度の高い酸素アセチレンガス溶接が用いられる．この場合，十分な予熱を行い，火口も鉄鋼材料の場合より大きいものを用いる．炎は中性炎あるいは酸化炎を用いる．黄銅の場合は亜鉛の蒸発を防止するために酸化炎を用いたほうがよい．基本的にはフラックスは不可欠で，無水ホウ砂・ホウ酸などが用いられる．

酸素濃度の高い銅をイナートガス溶接する場合，気孔の発生を抑制するために溶接棒はSi，Pなどの脱酸性の元素を含んだものを用いたほうが好ましい．青銅の場合は母材と同じ組成の溶接棒を用いる．そのほかの接合方法としてはろう付け，はんだ付けなどが用いられる．

銅および銅合金の溶接は熱伝導率が高く，熱が放散しやすいため溶け込み不良や融合不良が起きやすい．特に，アーク溶接では大きな入熱や予熱が必要となり，熱影響部も大きくなる．また，熱膨張率が大きいため，溶接時の変形が大きいだけでなく，冷却時のち縮ひずみが溶接部に集中して割れを発生させる場合がある．

銅および銅合金は優れた耐食性を有するが，大気放置すると酸化被膜ができやすく接触抵抗が増加する．そのため化成処理ならびにめっき処理をすることがある．めっき金属としては金，銀，ニッケル，スズ，はんだなどがある．

7.5　ニッケルおよびニッケル合金

金属ニッケルの大半は硫化鉱あるいは酸化鉱から採集される．ニッケル（nickel）の代表的な製錬法は硫化鉱を焙焼したものを溶鉱炉でマット状に製造し，引き続き塩基性転炉でCu＋Ni 80％，S 20％程度の組成のマットにして，それを粉砕，選鉱したあとに電解により金属ニッケルを得る方法である．

Niは銅とほぼ同じ比重8.8を持ち，融点は1 453℃の金属で350℃に磁気変

態点がある．結晶構造は fcc で展延性に優れ，冷間加工が容易である．電気抵抗も低い．また，ニッケルは化学的にきわめて安定で，かせいソーダや塩素ガスなどのアルカリや酸に対する耐食性が優れているので，食品工業用装置，かせいソーダ製造装置用電極材料，電子管，電池部材などとして用いられている．ただし，希硝酸には溶解する．ニッケルは耐食部材のほかに貨幣やステンレス鋼の原料としても用いられる．また，耐食用メッキとしても使用される．

ニッケルは，耐熱性，耐酸化性に優れているのでニッケル基耐熱合金としてタービンブレードなど超高温部材に使用されている．

ニッケルは銅と全率固溶体をつくり，種々の Ni-Cu 合金がある．Cu を 30～40％含む合金は，モネルメタルと呼ばれ，特に海水に対する優れた耐食性を示すので，海水に接する発電用タービンの復水器管，化学工業用装置，ポンプなどに広く使用されている．

Ni-Mo-Cr-Fe 合金は塩酸環境で優れた耐食性を発揮する．インコネル，ハステロイなどがよく知られている．これらの合金は塩酸や硫酸など，ほかの材料では耐えられない容器や装置に使用される．

ニッケルと鉄に Mo や Cr を加えた初透磁率を高くした合金をパーマロイ（permalloy）と呼び，優れた軟磁性材料であることから，変圧器の鉄心や磁気ヘッドに用いられている．

Ni-20％ Cr 合金はニクロム（nichrome）と呼ばれ，電気抵抗が大きいので電熱線に広く使われる．この合金をもとに Cr 量を増減し，Fe を 10～20％添加して加工性を改良した合金もある．これらの合金は耐熱超合金の基本組成であり，これに Al，Ti などの元素を添加したガスタービンやジェットエンジン部品用 γ' および γ'' 析出強化型合金が相ついで開発されて現在に至っている．

750℃以上の温度で強度が要求される場合，Ni 基超合金が用いられる．これらは，おもにガスタービンやジェットエンジンの材料として使用される．Ni 基超合金のなかには 1 100℃でも使用できるものもある．これらは γ' や γ'' 相の析出や，場合によっては Y_2O_3 などの酸化物の分散により強化をはかるもので，Al＋Ti 量の多いほど高強度となる．

ニッケルおよびニッケル合金の成形性は，工業用純ニッケルは優れた塑性加工性を示すが，合金が増えるに従って成形性は低下する．そのため，超合金の加工には熱間鍛造や真空溶解・精密鋳造が行われる場合もある．また，メカニカルアロイング，超塑性，HIPなども用いられることがある．

　ニッケルおよびニッケル合金の溶接はステンレス鋼の溶接と基本的には同じ溶接方法が適用される．しかしながら，ニッケルおよびニッケル合金の溶接においては，ブローホールならびに高温割れが発生しやすいので，よりいっそうていねいな溶接材料の選定，開先の準備，溶接施工が必要となる．

引用・参考文献

1) 軽金属学会40周年記念事業実行委員会，アルミニウムの組織と性質, (1991).
2) 日本塑性加工学会編：チタンの基礎と加工, (2008), コロナ社.
3) 日本材料学会編：改訂機械材料学, 日本材料学会.
4) 倉本繁ほか：まてりあ, **10** (2004), 43.
5) 金子純一ほか：基礎機械材料学, (2008), 朝倉書店.

8 高機能材料

 本章では,鉄鋼材料を中心に高機能材料とその製造方法について説明する.高機能ハイテンに関しては市販されている材料のほかに,現在研究の対象になっている中 Mn 残留オーステナイト鋼や Q & P 鋼についても紹介する.また,高機能な鉄鋼材料として大量に使用されている表面処理鋼板ならびにステンレス鋼についても触れる.

8.1 超微細組織鋼

 5.6節で超微細組織鋼の製造方法について紹介した.サブミクロンサイズの結晶粒径を有する鋼材は延性-脆性遷移温度を大幅に下げるため厚板分野では注目されたが,強度-延性バランスは 8.3.3 項で述べる低炭素 TRIP 鋼より劣るうえ,鋼板製造の難しさもあり,プレス成形のような塑性加工用の素材としてはほとんど実用化されなかった.しかし,最近,超微細粒鋼のねじに十字リセスの冷間鍛造加工を行ったところ,従来材では損傷が生じたが当該材は高精度の加工が実現でき,実用化につながった事例も紹介されている[1].本部品の素材は 0.01C-0.2Mn-0.3Si の組成の鋼を温間連続圧延と冷間伸線との組合せによって製造された線材で,サブミクロンサイズのフェライト主体の組織を持ち,引張強さは 1 100 MPa 級である.
 また,準安定オーステナイトステンレスの超微細鋼がエッチングやレーザー加工面の平滑性を高めるという利点を生かして精密加工部品の製造に使用されている[2].

超微細粒鋼の研究ではC量を増やすと強度とともに延性も向上するという新しい知見が得られており，この知見を生かした新製品の開発も期待されている．

8.2 超成形性冷延鋼板

自動車のフェンダーのような厳しい成形を要求される部品の製造には優れた深絞り性と張出し性を有する鋼板が使用される．張出し成形性は延性との相関が強く，深絞り性はr値と強い相関が認められているので，良成形性鋼板の品質グレードは延性とr値によって定められている．図8.1はプレス成形用軟鋼板の品質規格を示す．

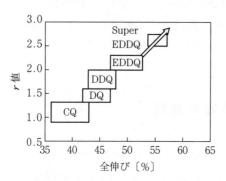

図 8.1 プレス成形用軟鋼板の品質規格

全伸び T-El を高めるには図 3.7 に示したように鋼に含まれる鉄以外の元素を低減することが有効である．特に，侵入型元素のC，Nならびに不純物元素であるP，Sの低減は顕著な効果を示す．

一方，r値を高めるには，結晶学的には{111}方位に強い集積を持つ集合組織の形成が必要である．高r値を得るには，{111}方位の形成を阻害する固溶のC，NをTi，Nbなどの炭窒化物形成元素を添加して熱延板で固定化することが重要である．このような鋼板を IF（interstitial atom free）鋼板という．IF鋼板のr値を高めるには低温加熱，高温巻取，高圧下冷延，高温焼鈍が有効である．これらの対策により全伸び55%，r値2.5以上の鋼板が超成形性冷延鋼板として製造されている．

8.3 高機能ハイテン

8.3.1 BH 鋼板

BH（bake hardening）鋼板とは自動車製造時の塗装焼付け工程の熱処理（一般に170℃で20 min）で降伏強度が30 MPa以上上昇する鋼板をいう．この強度上昇（BH量）は熱処理中に鋼中の固溶炭素が転位に付着あるいは析出することによって起こる．BH量の測定は図8.2に示すように，2%の引張試験をした試料を170℃で20 minの熱処理を行い，再び引張試験を行い，熱処理後の降伏応力の増加量で表す．

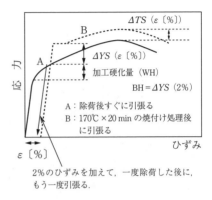

図8.2 BH量の定義

BH鋼板には，意匠性が重視される自動車外板用BH鋼板と，表面品質を厳格に問われない構造用部材BH鋼板とがある．

自動車外板用BH鋼板とは，プレス成形時にスプリングバックが原因で起こる面ひずみの発生を回避するために，降伏応力は250 MPa以下になるように設計されている．しかし，使用時には外力に対して塑性変形しにくいことが重要なため，製造工程に組み込まれている塗装焼付け工程での熱処理を利用して降伏強度が30 MPa以上に上昇する鋼板をいう．

自動車用外板はすぐれた成形性が要求されるため，前節で述べたIF鋼板が一般に用いられる．IF鋼板は，本来合金炭火物の形成により固溶C, Nを取り除いた鋼板であるが，それにBHを付与するためには高温で焼鈍して合金炭化物を部分的に再溶解させたのち，急冷して固溶C, Nを得なければならない．すなわち，得られるBH量は焼鈍時の温度と保持時間，そして冷速に依存する．5.3.2項で説明した自然時効やストレッチャーストレインの発生を回避

するには利用できるC，N量には限界があり，得られるBH量は現状では60 MPa程度である．

一方，ストレッチャーストレインの発生が商品価値を落とさない構造部材用BH鋼板では，大量の固溶C，Nを利用して100 MPa超のBH量を得ることができる[3]．

8.3.2 DP鋼

図8.3に示すようにDP（dual phase）鋼は強度-延性バランスに優れた高強度鋼板として1960年代後半に日本で発明された．現在，良成形性ハイテンとして世界中で使用されている．組織は軟質のフェライトと硬質のマルテンサイトの二相からなる．フェライトを微細化しマルテンサイトを微細分散させることで強度-延性バランスが向上することが報告されている．開発当初はマルテンサイト率が10％以下の600 MPa級の鋼板が主体であったが，高強度化によってマルテンサイト率が増え，最近の1 000 MPa超のDP鋼ではマルテンサイト率は大幅に増えている．

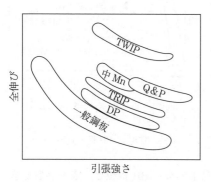

図8.3 強度-延性バランス

600 MPa級の材料を例に製造方法を説明すると，熱延鋼板では仕上圧延後に700℃前後に急冷し，その後ランアウトテーブル上での放冷でフェライトの生成を進め，パーライトが生成する前に急冷して，150℃前後で巻き取り，残ったオーステナイトをマルテンサイトに変態させる．冷延鋼板の場合は連続焼鈍炉で二相域に加熱後に徐冷してフェライト変態を進め，パーライトが生成する前に急冷して残りのオーステナイトをマルテンサイトに変態させる．

DP鋼の特長は優れた強度-延性バランスのほかに，降伏点が低く，降伏点伸びが生じないことが挙げられる．これはマルテンサイト変態時の体積膨張でフェライト中にCに固着されていない可動転位が大量に導入され，成形時に

それらの転位に応力が加わると容易に移動するためである.

8.3.3 TRIP 鋼
〔1〕 低炭素残留オーステナイト鋼

一般に TRIP (transformation induced plasticity) 鋼というと低炭素残留オーステナイト鋼をいう. 図8.3 に示したように DP 鋼よりさらに優れた強度-延性バランスを示す鋼板が TRIP 鋼である. この鋼板も日本で開発された良加工性ハイテンである. TRIP 鋼は溶接性に支障をきたさない C 当量の成分系を有し, オーステナイトを含んだ複合組織を呈する鋼板である. **図 8.4** に TRIP 鋼が優れた強度-延性バランスを示す仕組みを模式的に示す. 一般

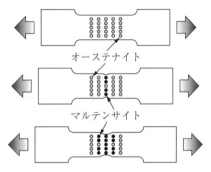

図 8.4 TRIP 鋼の延性向上の原理(引張変形に伴うくびれ部近傍の加工誘起変態[4])

に, 変形が進むと局所的にくびれが生じ, そのくびれが進行することで材料が破断する. しかし, オーステナイトが存在する TRIP 鋼ではくびれ部でオーステナイトが加工誘起マルテンサイトに変態して, その部分の強度を高めるため, くびれの進行が抑制され, 隣接する部分に変形が移行し, 均一伸びが増加する. この現象は準安定オーステナイト系ステンレス鋼や炭素量が 0.4% 以上の中高炭素鋼ではよく知られた現象であったが, 自動車用鋼板では溶接性の観点から添加 C 量には上限があり, 低炭素鋼にオーステナイトを残留させる工夫が必要であった.

初期に開発された TRIP 鋼は強度が 600 〜 800 MPa 級でフェライト, ベイナイト, 残留オーステナイトの三相組織から構成されていた. 最近開発されたさらに高強度の TRIP 鋼はベイナイト, 焼戻しマルテンサイト, 残留オーステナイトなどの複合組織のものもある.

図 8.5 に 600 〜 800 MPa 級 TRIP 鋼の連続焼鈍工程での製造原理を示す[4].

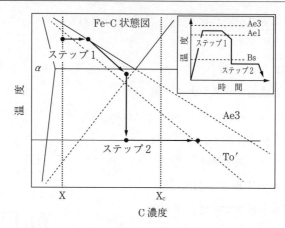

図 8.5 連続焼鈍工程における冷却に伴う
オーステナイト中のC濃度の変化[4]

フェライトならびにベイナイト変態の進行に伴いオーステナイトに炭素が濃化することが示されている．すなわち，連続焼鈍炉で二相域に加熱後に徐冷してフェライト変態を進め，パーライトが生成する前にベイナイト変態温度域に急冷して，ベイナイト変態の進行により残ったオーステナイトに炭素を濃化させ，オーステナイトを安定化することで，その後の冷却後もオーステナイトが残留するように工夫されている．熱延鋼板では仕上圧延後に700℃前後に急冷し，ランアウトテーブル上で放冷することでフェライトの生成を進め，パーライトが生成する前にベイナイト変態が進行する温度域に急冷して巻き取り，残ったオーステナイトに炭素を濃化させ，前述と同様の原理でオーステナイトを残留させる．TRIP鋼の成分の特徴として1%超のSiあるいはAlの添加が挙げられる．これらの元素は濃化された炭素がセメンタイトとして析出するのを抑制する効果がある．ちなみに，パーライト変態が起こるとフェライトとセメンタイトが同時に析出するために変態が進行しても炭素はオーステナイトに濃化しないため，TRIP鋼の製造では避けられている．

TRIP鋼の強度-延性バランスは残留オーステナイトの量が多いほど，そしてその中に含まれる炭素量が高いほど優れることが知られている．TRIP鋼は疲労限も比較的高く，その理由も疲労進行中に起こる応力誘起変態が原因と考え

られている.

TRIP鋼のさらなる特長はr値が1以下にもかかわらず優れた深絞り性を示すことである. これは深絞り加工時に縮みフランジモードで変形をするしわ押さえ部では加工誘起変態が起こりにくく, 材料が流れ込んだ壁部のひずみモード (例えば, 円筒深絞り加工では平面ひずみモード) での変形で加工誘起変態が起こり, くびれの発生を抑制するためである[5].

〔2〕 中Mn残留オーステナイト鋼

低炭素TRIP鋼ではフェライトならびにベイナイト変態に伴うオーステナイト中の炭素濃度の増加がオーステナイトを安定化させたが, 中Mn残留オーステナイト鋼では残留オーステナイト中にMnを濃化させ, その相をさらに安定化させ, 大量のオーステナイトを残留させた鋼板である[6]. 中Mnとは5～10％のMn量を意味し, 後述するMn量が20～30％のTWIP鋼より強度-延性バランスは劣るが, 優れたコストパフォーマンスを示す.

Cに比べMnは拡散が遅いため, Mnがオーステナイトに濃化するには高温で保持が必要である. そのため, オーステナイトへのMnの濃化は二相域での加熱で行われる. 中Mn鋼を二相域に加熱すると最初はCの拡散律速で変態が進むが, その後フェライト中のMnの拡散律速で変態が進行する. そのとき, オーステナイトにMnが濃化して, この相を安定化する. 適切なMn濃度と二相域焼鈍条件を選択することで30％近い残留オーステナイトが確保でき, 図8.3に見られるように低炭素TRIP鋼よりさらに優れた強度-延性バランスを得ることができる.

〔3〕 Q & P 鋼

Q & P (quenching and partitioning) プロセスの温度履歴の模式図を**図8.6**に示す[7]. 一度オーステナイト化した材料をM_s点以下, M_f点以上の温度に冷却し, 部分的にマルテンサイトを生成させたあとにM_s点以上の温度に再加熱して, マルテンサイト中のCをオーステナイトに濃化させたあとに, 再び冷却することで, マルテンサイトと残留オーステナイトの二相組織が形成され, 温度履歴条件を最適化することで高強度-高延性の鋼板を得ることができる.

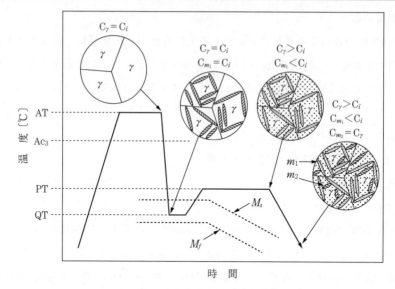

図 8.6 Q & P プロセスの温度履歴の模式図[7]

母相がマルテンサイトになるので 1 500 MPa 超級の良加工性ハイテンの製造に適している．

また，強度は下がるが，最初の加熱を二相域で行う Q & P プロセスでは優れた延性を得ることでき，強度・延性バランスの作り分けを行うことができる．

8.3.4 TWIP 鋼

TWIP（twinning induced plasticity）鋼は Mn を 20～30％含むオーステナイト鋼である．TRIP 鋼がくびれ部で加工誘起マルテンサイト変態を起こすのに対し，TWIP 鋼は双晶（twin）が形成され，その部分が強化され，くびれの進行が抑制される．TWIP 鋼は TS：1 000 MPa，全伸び：80％のようなきわめて優れた強度-延性バランスを示すが，溶接性，遅れ破壊感受性などの問題点があり，高製造コストを含め解決すべき課題は多い．

TWIP 鋼には軽量化を狙って比重の小さい Al，Si を 3～11％添加した材料も開発されている[8]．10％の Al の添加で鋼板の比重は約 10％低下するが，剛性も低下するので注意を要する．

8.3.5 延性-穴広げ性バランスに優れた高強度鋼板

成形性には3.2節で述べたように張出し性や深絞り性だけでなく，穴広げ性，曲げ性もある．張出し性は，伸びとの相関があるので，図8.3の強度-延性バランスは材料を選択するうえで有益な情報である．しかし，厳しい穴広げ成形や曲げ成形を受ける部材の製造には図3.5に示した強度-穴広げ性バランスの情報が必要となる．

実部品の成形では張出し性，深絞り性，穴広げ性，曲げ性などが同時に要求されることがある．図8.7はその例で，厳しい張出し成形部と穴広げ部が共存するために，以前はそれぞれ異なる材料で2部材をプレス成形して，その後溶接して一部品として製造されていた．このような煩雑な加工を避けるために開発されたのが延性-穴広げ性バランスに優れた高強度鋼板である．

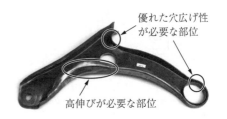

図8.7 優れた延性と穴広げ性の両特性が必要とされる部品の一例

この鋼板は，張出し成形性に優れたフェライトを母相に微細な析出物を大量に生成させて強度を高めた材料で，DP鋼のミクロンサイズのマルテンサイトとは異なり，第二相がナノサイズの析出物なので穴広げや曲げ成形時に硬質相や異相界面での割れが生じにくく，比較的優れた張出し性と同時に，優れた穴広げ性や曲げ性を示す．

この鋼板の成分的特徴は延性を高めるために合金炭化物形成元素であるTiやNbをCと化学当量添加し，母相をIF化することである．C量は必要な強度によって決まり，600 MPa級では0.03％程度，800 MPaでは0.04％程度である．また，組織上の特徴として，大量の析出物形成元素が添加されるため，析出の駆動力が大きく，フェライト変態時に相界面で析出したと推察される列状の析出物が観察されることである[9]．このような析出を相界面析出と呼ぶ．

8.4 超高強度材料

8.4.1 伸線パーライト

量産鋼種の中で最も強度が高い鉄鋼材料は，高炭素のパーライト鋼を伸線加工によって強化した高炭素鋼線材である．高炭素鋼線は冷間伸線によって細線化が進むに伴い高強度化が図られる．図 8.8 は伸線された線径と引張強さの影響を示す[10]．このように 4 000 MPa 超級の材料も製造されている．このような高強度材では本来，遅れ破壊が懸念されるが高炭素

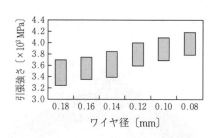

図 8.8 細線化に伴う高炭素線材の強度上昇[10]

のパーライト鋼の伸線材は構造がナノサイズのフェライト/セメンタイトのラメラー構造になるため水素脆化感受性が低く通常の使用環境では問題とならない．一方，問題視されているのがねじれ変形の初期に伸線方向で起こるデラミネーションと呼ばれる縦割れの発生である．デラミネーションは同じ強度でも線径の大きいほうが発生しやすい．デラミネーションの抑制には加工硬化率を高め，同じ強度を得るのに伸線率を下げることが有効で，その実現に過共析 Cr 添加鋼が推奨されている．また，デラミネーションが起こるメカニズムは伸線加工によりセメンタイトが溶解して高転位密度のフェライト中に C が溶出し，その濃度のむらによる強度の不均一さが割れの発生をもたらすという推論が報告されている[11]．

また，橋梁（りょう）ワイヤのように耐食性が要求され，溶融亜鉛めっきがなされることがある．めっき時に高温にさらされるため，微細なラメラー構造のセメンタイトは球状化され，著しい強度低下をもたらす．この強度低下を抑制する目的で Si と Cr が添加されている．Si はセメンタイト界面に濃化し，球状化速度を低下させる．また，Cr は拡散速度が遅いため，セメンタイトのオストワル

ド成長を抑制し，この結果，球状化速度が低下する．すなわち，Si ならびに Cr 添加鋼は，溶融亜鉛めっき後でも微細ラメラー組織が維持される方向に作用するため，強度低下が減少する．この成分設計思想で開発された 1 800 MPa 級橋梁用ワイヤは明石大橋に採用され，従来品の 1 600 MPa 級ワイヤに対して大幅な軽量化，橋梁構造の簡素化，工期の短縮など莫大な建設費の削減に貢献した[11]．

8.4.2 マルエージング鋼

マルエージング鋼は母相を低炭素のマルテンサイトにし，そのうえに Ni を添加することで高靱性を確保し，時効処理により Ni_3Ti などの金属間化合物を大量に析出させ，強度を高めた鋼である．2 000 MPa 超の引張強さを得ることができるが，Ni，Co，Cr などの高価な合金元素を総量で 30％ほど添加するために製造コストが高いという欠点がある．そのため用途は航空・宇宙分野に限られている．身近なものではゴルフのクラブヘッドに用いられたことがある．

8.5 表面処理鋼板

表面処理鋼板とは，表面にほかの材料を被覆して耐食性を向上させた鋼板をいう．被覆の代表がめっきであり，めっき方法にはおもに溶融めっきと電気めっきがある．自動車部品や建材については，コストパフォーマンスに優れた溶融めっきが採用されている．一方，意匠性が重んじられる家電製品や飲料缶などの容器には Zn，Ni，Cr，Sn などを単独あるいは複合含有した電気めっきが用いられている．

自動車用のめっきは犠牲防食性がある溶融亜鉛めっきがおもに用いられている．犠牲防食とは表面処理被膜が疵つき，母材が表面に露出したときに，その部分での母材の腐食をめっきが腐食することで抑制することをいう．溶融亜鉛めっきには GI と GA があり，GI は連続溶融めっきラインで再結晶焼鈍された材料を溶融めっき浴に浸漬し，その後ライン内で過時効処理（セメンタイトを

析出させ固溶Cを低減する処理）して製造される鋼板で，GAとは溶融めっき浴に浸漬したあとに誘導加熱により550℃程度に再加熱して，めっき相中で亜鉛と鉄の相互拡散により鉄亜鉛の合金化を進めた鋼板である．それゆえ，合金化溶融亜鉛めっき鋼板と呼ばれる．合金化をすることにより連続スポット溶接性ならびに耐食性が向上する．欧米ではGIが，そして日本ではGAがおもに用いられている．

そのほかの自動車用鋼板のめっきとしては，燃料タンクにAl-Siめっきや Sn-Zn めっきが用いられている．亜鉛めっきは，劣化ガソリンに対する耐食性が低いため燃料タンクのめっきとしては不向きである．Sn-Zn めっき鋼板のほうが Al-Si めっき鋼板に比べ成形性ならびに溶接性が優れているため，Sn-Zn めっきの採用が増えたが，最近はグローバル調達性の流れで燃料タンクは樹脂化が進められている．9.2節で紹介するホットスタンピング部材では Al-Si めっきがおもに用いられている．一部，溶融亜鉛めっきの使用も始まっている．

建材部門ではGIやAl-Siめっきのほかに耐食性をさらに高めたZn-Mgめっき，Zn-Alめっき，Zn-Al-Mgめっきなどが用いられている．

8.6 ステンレス鋼

ステンレス鋼について，基礎的なことだけに触れ，詳細は専門書を参照されたい[12),13)]．ステンレス鋼とはCrが11％以上添加されている鋼をいう．Crが11％以上添加されるとCrの水和オキシ酸化物（$CrO_x(OH)_{2-x}\cdot nH_2O$）からなる数nm厚のごく薄い不動態皮膜が形成されて優れた耐食性を示すようになる．この不働態被膜は自己修復性があり傷がついても大気中では極短時間に再生され，錆の発生を防ぐ働きをする．

ステンレス鋼は，おもな合金元素によってCr系とCr-Ni系に大別され，さらに，その組織によってCr系はフェライト系とマルテンサイト系に，Cr-Ni系はオーステナイト系，二相（オーステナイト・フェライト）系および析出硬化系に分類されている．ステンレス鋼は，おもに化学成分面から，各種特性の

8.6 ステンレス鋼

改善がなされており,多数の鋼種が JIS に規格化されている.

8.6.1 Cr 系ステンレス鋼

図 8.9 に,C,N 量の異なる Fe-Cr 二元系平衡状態図を示す[12].Cr 量の増加とともに,高温での組織は γ(オーステナイト)→ α(フェライト)+γ→α と変化し,極低 C,N の Fe-Cr 合金では 13% Cr 以上では高温から室温まで変態のない α 単相となる.C,N の増加は γ 相領域を高 Cr 側にずらす.γ 相領域から急冷(焼入れ)するとマルテンサイト変態が起こる.焼入れでマルテンサイト組織となるステンレス鋼をマルテンサイト系ステンレス鋼,冷却後にフェライト主体の組織となるステンレス鋼をフェライト系ステンレス鋼という.

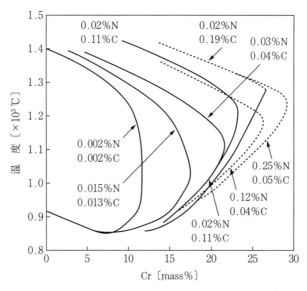

図 8.9　Fe-Cr 二元系平衡状態図[13]

SUS410 や SUS420 系で代表されるマルテンサイト系ステンレス鋼は 11.5〜18% の Cr を含有し,Cr 量に応じて 0.06〜0.75% の C を含む.このステンレス鋼の特徴は,高温で γ 単相もしくは γ 相を主体とする(α+γ)二相組織の組成範囲にあり,この領域からの急冷によって γ 相がマルテンサイトに変態す

ることで焼入れ硬化性を示し，高強度と優れた耐摩耗性を備えていることである．マルテンサイト組織の状態では，加工性に乏しいため，通常は，焼なましした軟質な状態で，切削，打抜き，鍛造などの加工を行ったあと，再加熱して焼入れ，靭性を向上させるために焼戻しを行って使用する．

　この系のステンレス鋼はC含有量が高いことから，CrがCr炭化物として析出するため，耐食性はほかの系のステンレス鋼に比べて劣る．高耐食性を要求される場合には，Cr量を17%としたSUS440系が使用される．

　用途としては，刃物，食器，タービン翼，航空機部品，外科用器具，軸受，ゲージ類，工具類など，耐食性とともに高い機械的強度が要求されるところに使用されている．

　フェライト系ステンレス鋼はマルテンサイト系に比べてC含有量が低く，高温ではγ相の比率の低い（$\alpha + \gamma$）二相組織もしくはα単相組織となり，室温ではα単相組織である．高温でのγ相量は，代表的なフェライト系ステンレス鋼であるSUS430で最大30%程度であり，高Cr鋼やTi，Nbなどの炭・窒化物生成元素を含むSUS430LXなどでは，高温から室温までまったく変態のないα単相組織となる．

　フェライト系ステンレス鋼は耐応力腐食割れ特性，耐溶接割れ性に優れ，Niを含まないために安価である．この系のステンレス鋼の機械的性質は，CおよびNの量に大きく左右される．通常は（C+N）≦0.12%レベルのものが多いが，加工性および耐食性を高めるために，C，N量を極力低下させ，そのうえ，TiやNbを添加して固溶のC，Nを除去した高純度フェライト系ステンレス鋼（IF-SUS）が開発された．この鋼のn値はオーステナイト系ステンレスに比べ低いが，適切な集合組織制御により高いr値を得ることができ，優れたプレス成形性を示すためオーステナイト系ステンレスの代表であるSUS304の代替材としても注目されている．ただし，耐食性をSUS304並みに高めるためにはMoの添加などの対策が必要である．

　フェライト系ステンレス薄鋼板では，深絞り製品の側面に発生するリジングと呼ばれる，圧延方向に沿った筋状の凹凸が問題となることがある．これはコ

ロニーと呼ばれる集合組織のマクロな不均一部分での変形モードの差によって生じるとされており，鋳造組織の微細化，熱延・冷延条件の最適化によって低減される．

　高 Cr 鋼になると耐食性は向上するが，加工性が低下する．特に，延性-脆性遷移温度が上昇して靭性が極端に低下することがある．また，高 Cr 鋼特有の高濃度 Cr 相の生成に起因した 475℃ 脆性や σ 相の析出に起因する σ 相脆化が起る危険性がある．この脆化を回避する対策として，低 C，N 化，Ti の添加などが有効である．

　また，最近微量の Sn 添加で耐食性が向上することが明らかにされ，Cr の添加量を数％に低減しても同等の耐食性を得られる鋼板が開発された．この Sn 添加による耐食性の向上はオーステナイト系ステンレス鋼でも発揮されている[13]．

　フェライト系ステンレス鋼の用途としては，自動車排気系部品，建築内外装，電気・電子機器など，一般耐食用として，幅広く使用されている．

8.6.2　Cr-Ni 系ステンレス鋼

　Cr-Ni 系ステンレス鋼は，Ni および Cr 量に応じて，溶体化処理後に γ 相あるいは（α+γ）二相組織となり，オーステナイト系，オーステナイト・フェライト二相系，析出硬化系の 3 種類のステンレス鋼に分類される．この系のステンレス鋼の組織は基本的には α 相を生成しやすい Cr と γ 相を生成しやすい Ni の量的関係に支配されるが，そのほかの添加元素量によっても影響される．そこで，α 相を生成しやすい Cr, Mo, Si, Nb と γ 相を生成しやすい Ni, C, Mn の影響を，それぞれ，Cr 当量および Ni 当量として定量的に調べ，それぞれを横軸および縦軸として平面的に凝固組織を整理したシェフラーの状態図（図 8.10）がよく用いられる[14), 15)]．

　オーステナイト系ステンレス鋼は 16〜22％ の Cr と 6〜22％ の Ni を含むステンレス鋼で，1 010〜1 150℃ から急冷の溶体化熱処理によって γ 単相組織が得られる．オーステナイト系ステンレス鋼は n 値が高く，優れた延性を示す．

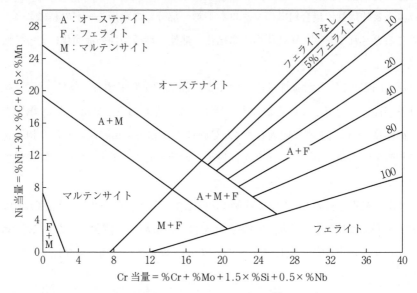

図 8.10 シェフラーの状態図[15]

また,非磁性で熱膨張係数が大きいなど,フェライト系とはかなり異なる機械的性質や物理的性質を示す.

成分系によっては熱処理後に室温でγ単相でも加工を施すと加工誘起マルテンサイト変態が起こり,変態量が大きくなると磁性を帯びるようになる.γ相はNi量の低減とともに不安定となり,加工によって生成するマルテンサイトの量が多くなる.γ相の安定度を定量的に表示する手段としてM_{d30}という指標が用いられる.これは,真ひずみで0.3の加工を加えたときにオーステナイトの半分がマルテンサイトに加工誘起変態する温度のことであり,成分との関係示す代表的なものとして次式が示されている[15].

$$M_{d30} = 551 - 462(C+N) - 9.2(Si) - 8.1(Mn) - 13.7(Cr) \\ - 29(Ni+Cu) - 18.5(Mo) - 68(Nb) - 1.42(\nu - 8.0) \quad (8.1)$$

ここで,( )内は合金元素のmass%,νは結晶粒度番号である.

SUS301やSUS304のように,Ni含有量が18%以下のオーステナイト系ステンレス鋼は準安定オーステナイト系ステンレス鋼と呼ばれ,このα'変態を利

用して，高延性・高じん性や冷間加工による高強度化が図られている．この準安定型オーステナイト系ステンレス鋼の薄板を深絞り加工して常温にしばらく放置したときに時期割れあるいは時効割れと呼ばれる縦割れが発生することがある．低C，低N化することで，この時効割れを改善したSUSXM7系鋼種が開発されている．

オーステナイト系ステンレス鋼は，一般的に，耐食性，加工性，溶接性に優れ，低温脆性現象が見られず，さらに高温での降伏強さが大きいという特徴を有しており，低温から高温に至るまで，すべての産業分野で種々の用途に用いられている．SUS304（18% Cr-8% Ni）が最も代表的な鋼種であり，ステンレス鋼の中で最も多く使用されている．

最近，窒素を大量に添加した高窒素オーステナイト系ステンレス鋼が注目されている．この鋼は高窒素化に伴って強度，耐食性，耐応力腐食割れ性が向上する特長がある．一方，ブローホールの発生など溶接性が劣化することが問題点として指摘されている．

オーステナイト系ステンレス鋼は，固溶化熱処理状態では良好な耐食性を示すが，溶接などの影響で，650～750℃付近の温度に加熱されると粒界にCr系炭化物（$M_{23}C_6$）が析出し，粒界近傍にCr欠乏層を形成して粒界腐食を起こす鋭敏化という現象が生じる．これを防ぐためには，SUS304Lや316LのようにC量を0.03%以下に低減した極低炭素ステンレス鋼や，SUS321や347のようにTiやNbを添加してCをTiCやNbCの形で固定した安定化ステンレス鋼が開発されている．

オーステナイト系ステンレス鋼の最大の弱点は，塩化物を含む水溶液やアルカリ溶液中で引張応力が付加されると応力腐食割れ（SCC）が生じやすいという点である．SCCには，粒内をき裂が貫通する粒内型応力腐食割れ（transgranular SCC, TGSCC）と粒界に沿ってき裂が進行する粒界型応力腐食割れ（intergranular SCC, IGSCC）が知られており，前者は高Ni化で，後者は前述の鋭敏化の抑制で，それぞれ低減できる．

Cr-Ni系ステンレス鋼において，高Cr，低Ni組成とすると，シェフラーの

状態図からわかるように，αとγの二相混合組織となる．このような組織を持つステンレス鋼を二相系ステンレス鋼といい，SUS329J1が代表鋼種である．この系のステンレス鋼は高 Cr で Mo，N を含有しているものが多く，耐食性が良好である．磁性を有し，物理的性質はフェライト系とオーステナイト系の中間で，強度はフェライト系やオーステナイト系に比べて大きい．

二相ステンレス鋼は，Ni 量が少ないので，高強度・高耐食性を有する省資源型ステンレス鋼として，各種化学プラント，油井管，ケミカルタンカーなどに使用されている．

Cr，Ni の主要元素のほかに Al，Ti，Cu，Nb などの元素を添加して析出硬化によって，耐食性とともに高強度を付与したステンレス鋼が析出硬化系ステンレス鋼である．一般に，固溶化された状態で成形加工を行い，その後，時効処理を施して基地中に微細な第二相を析出させることによって強化する．

8.7 超塑性材料

材料をある特定の条件下で引張ると，くびれがなく，あめ細工のように大きく伸びることがある．この現象を超塑性という．この現象は戦前イギリスで見いだされ，戦後旧ソ連で体系化されて，欧米で広まった．その後，超塑性の研究が進み，いまではジェットエンジンの部品や航空機の機体作りに数多く使われている．最近は，接合材や積層材，さらには防振合金への応用も検討されている．

この超塑性現象を大別すると，微細結晶粒超塑性（恒温超塑性）と変態超塑性（動的超塑性）の二つに分類できる．微細結晶粒超塑性とは，微細結晶粒を有する材料を，ある温度域で，あるひずみ速度の範囲で変形した場合に発現する超塑性のことをいう．また，変態超塑性とは，相変態を有する材料を，変態点近傍を通過する熱サイクルを与えながら，あるひずみ速度範囲で変形した場合に発現する超塑性のことをいう．このタイプの超塑性は温度コントロールの難しさのために，実用化はあまり進んでいない．

表8.1 鉄系超塑性合金の組成と超塑性発現条件

名称	組成〔mass%〕	温度〔℃〕	最高 m 値	最大伸び〔%〕	備考
共析鋼	Fe-0.8C	704	0.35	100	共析
共析鋼	Fe-0.91C-0.45Mn	716	0.42	133	共析
過共析鋼	Fe-1.3〜1.9C	600〜800	0.52	750	
白銑	Fe-2.6C	600〜800	0.5	—	
合金鋼	Fe-0.42C-1.9Mn	727	0.5	460	AISI 1340
合金鋼	Fe-1.5Mn-0.8P	800〜900	0.52	400	
合金鋼	Fe-1.5Ni-1.0P	800〜900	0.52	400	
高合金鋼	Fe-5Cr	850	0.28	152	
IN 744	Fe-26Cr-6.5Ni	870〜980	0.5	200〜600	Uniloy 326
高合金鋼	Fe-4Ni-3Mo-1.6Ti	900	0.53	820	
Fe-Cu	Fe-50Cu	800	0.32	300	粉末焼結材

表8.2 非鉄系超塑性合金の組成と超塑性発現条件

合金系	名称	組成〔mass%〕	温度〔℃〕	最高 m 値	最大伸び〔%〕	備考
Co 合金	Co-Al	Co-10 Al	1 200	0.47	850	共晶
Cr 合金	Cr-Co	Cr-30 Co	1 200	—	160	
Ni 合金	Ni	Pure	820	—	225	
	IN 100	Ni-10 Cr-15 Co-4.5 Ti-5.5 Al-3 Mo	927〜1 093	0.5	1 300	粉末焼結押出材
	Ni-Cr-Fe	Ni-39 Cr-10 Fe-1.75 Ti-1 Al	810〜980	0.5	〜1 000	
	Ni-Fe-Cr-Ti	Ni-26.2 Fe-34.9 Cr-0.58 Ti	795〜855	0.5	>1 000	
Ti 合金	IMI 317	Ti-5 Al-2.5 Sn	900〜1 100	0.72	450	
	IMI 318	Ti-6 Al-4 V	800〜1 000	0.85	1 000	
	Ti-Al	Ti-4 Al-2.5 O	950〜1 050	0.6	—	
	Ti-Cr-V-Al	Ti-13 Cr-11 V-3 Al-0.15 O	900	〜1.0	150	
	Ti-Mn	Ti-8 Mn-0.14 O	900	〜1.0	150	
	Ti-Mo	Ti-15 Mo-0.18 O	920	〜1.0	450	
	IMI-679	Ti-11 Sn-2.25 Al-1 Mo-5 Zr-0.25 Si	800	—	500	
	IMI 700	Ti-6 Al-5 Zr-4 Mo-1 Cu-0.25 Si	800	—	300	
W 合金	W-Re	W-15〜30Re	2 000	0.46	200	

超塑性の発現には一般に高温，低ひずみ速度加工が必要である．高温に伴う問題点は酸化被膜の発生や冷却時の熱収縮による形状変化などが挙げられる．また，低ひずみ速度加工に関しては生産性の低さが挙げられる．それゆえ，超塑性発現の温度の低温化と加工速度の高速化は重要な研究課題である．実際，現在では種々の材料，特に航空機用機体材料ということでAl合金を中心に成果が得られている．

微細型超塑性部品は使用時に負荷がかかると高温で容易に変形する恐れがある．それゆえ，加工後に結晶粒粗大化などの熱処理が行われることがある．

表8.1に微細結晶粒超塑性鉄系合金について，そして**表**8.2に非鉄系合金について，組成と超塑性発現条件を示す．

引用・参考文献

1) 鳥塚史郎・村松榮次郎：ふぇらむ，**20**（2015），408．
2) 渋谷将行：同上 **20**（2015），414．
3) 金子真次郎ほか：川崎製鉄技報，**35**（2003），28．
4) 高橋学：まてりあ，**43**（2004），819．
5) 樋渡俊二ほか：塑性と加工，**35**-404（1994），1109．
6) 鳥塚史郎・花村年裕：ふぇらむ，**17**（2012），852．
7) Edmonds, D. V., et al.：Materials Science and Engineering A, **438**-440（2006），25．
8) Frommeyer, G., et al.：ISIJ International **43**（2003），438．
9) 船川義正ほか：鉄と鋼，**93**（2007），49．
10) 桐原和彦：R＆D神戸製鋼技報．**61**（2011），89．
11) 樽井敏三ほか：新日鉄技報，**381**（2004），51．
12) 高橋稔彦ほか：鋼構造論文集．**1**（1994），119．
13) 田中良平編：ステンレス鋼の選び方・使い方，日本規格協会，（2007），85．
14) 秦野正治ほか：まてりあ，**51**（2012），25．
15) 細井祐三：ステンレス鋼の科学と最新技術，ステンレス協会，（2011），41．

9 材料技術のトピックス

　本章では，塑性加工技術者が携わる圧延技術とプレス成形技術における材料工学について二つのトピックスを紹介する．一つが熱間圧延や熱間鍛造における組織材質予測技術であり，もう一つが最近，超高強度自動車部品の製造方法で注目されているホットスタンピング技術である．この二つのトピックスを選択した理由は本書の前半に記述した材料工学の基礎を応用して高度なモノづくりを実現している良い例と思われるからである．

9.1 組織材質予測制御技術[1]

　本技術は圧延や鍛造における熱間加工により，組織と材質がどのように変化するかを予測制御する技術である．それゆえ，組織変化をもたらす再結晶，変態，析出などの挙動を定量的に予測する必要がある．図9.1は，熱間圧延における組織材質予測制御モデルの概要図である．初期状態予測モデルはスラブ加熱時のオーステナイト粒の成長挙動を予測するもので，結晶粒の成長速度は1.9節の式 (1.15) を用いて求めることができる．ただし，加熱時間に伴う析出物の溶解，成長を計算して式 (1.15) 中の F_v, d を逐次求めなければならない．図9.2に，そのようにして求めた異なった成分系のオーステナイト粒径の変化の計算結果と実測値を比較して示す[2]．

　熱間加工組織予測モデルは，熱間圧延中のオーステナイトの組織変化を予測するモデルである．オーステナイトの組織変化は再結晶と粒成長によって起こるので，その挙動を定式化する必要がある．図9.3は熱間加工工程で起こる組織変化を模式的に示したものである．熱間圧延時の再結晶には動的再結晶，静

9. 材料技術のトピックス

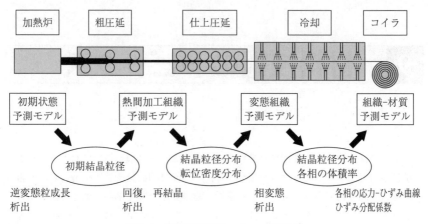

図 9.1 組織材質予測モデルの概要図[1]

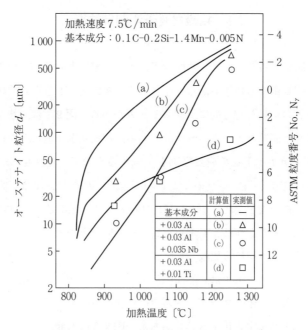

図 9.2 加熱工程でのオーステナイトの粒成長[2]

的再結晶ならびに動的再結晶粒が加工後に加工組織を侵食していく準動的再結晶があり，それぞれの挙動の定式化がなされている．

表9.1 に図 9.3 の冶金現象に対応した実験結果を整理して求めた予測式を示す[3]．本モデルの特徴は組織変化に伴う転位密度の変化を予測しているところにあり，これによってパス間時間が短く，パス間で十分に再結晶が起こらない場合は残留する転位密度をつぎの加工時に考慮する

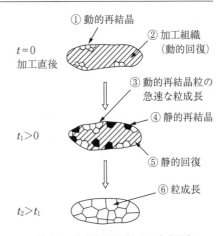

図9.3 熱間加工工程での冶金現象による組織変化[3]

表9.1 熱間加工における冶金現象の定式化[3]

復旧過程〔単位〕		計 算 式	
① 動的再結晶	限界ひずみ 〔-〕	$\varepsilon_c = 4.76 \times 10^{-4} \exp(8\,000/T)$	(a)
	粒 径 〔m〕	$d_{\mathrm{dyn}} = 0.022\,6[\varepsilon \exp(Q/RT)]^{-0.27} = 0.022\,6 Z^{-0.27}$, $Q = 267\,\mathrm{kJ/mol}$	(b)
	再結晶率 〔-〕	$X_{\mathrm{dyn}} = 1 - \exp\left[-0.693\left(\dfrac{\varepsilon - \varepsilon_c}{\varepsilon_{0.5}}\right)^2\right]$	(c)
		$\varepsilon_{0.5} = 5.476 \times 10^{-2} d_0^{0.28} \varepsilon^{0.05} \exp(6\,420/T)$	(d)
	転位密度 〔m^{-2}〕	$\rho_{s0} = 8.73 \times 10^8 [\varepsilon \exp(Q/RT)]^{0.248} = 8.73 \times 10^8 Z^{0.248}$	(e)
		$\rho_s = \rho_{s0} \exp[-90 \exp(-8\,000/T) \times t^{0.7}]$	(f)
② 動的回復 〔m^{-2}〕		$\rho_c = \dfrac{c}{b}(1 - e^{-b\varepsilon}) + \rho_0 e^{-b\varepsilon}$	(g)
③ 動的再結晶後の粒成長 〔m〕		$dy = d_{\mathrm{dyn}} + (d_{\mathrm{pd}} - d_{\mathrm{dyn}}) \times y$	(h)
		$d_{\mathrm{pd}} = 5.38 \times 10^{-3} \exp(-6\,840/T)$	(i)
		$y = 1 - \mathrm{epx}[-295 \dot{\varepsilon}^{0.1} \exp(-8\,000/T) \times t]$	(j)
④ 静的再結晶	粒 径 〔m〕	$d_{\mathrm{st}} = 5 \times 10^{-6}(S_v \times \varepsilon)^{0.6}$	(k)
		$S_v = \dfrac{24}{\pi d_0}(0.491 e^{\varepsilon} + 0.155 e^{-\varepsilon} + 0.143\,3 e^{-3\varepsilon}) \times 10^{-6}$	(l)
	再結晶率 〔-〕	$X_{\mathrm{st}} = 1 - \exp\left[-0.693\left(\dfrac{t - t_0}{t_{0.5}}\right)^2\right]$	(m)
		$t_{0.5} = 0.286 \times 10^7 S_v^{-0.5} \dot{\varepsilon}^{-0.2} \varepsilon^{-2} \exp(18\,000/T)$	(n)
⑤ 静的回復 〔m^{-2}〕		$\rho_r = \rho_c \exp[-90 \times \exp(-8\,000/T) \times t^{0.7}]$	(o)
⑥ 粒成長 〔m〕		$d^2 = d_{\mathrm{st}}^2 + 1.44 \times \exp(-Q/RT) \times t$	(p)

ことにより，ひずみが累積されるときの組織変化の予測が可能になる．それにより，1パスでは起こらない条件でも連続熱延中にひずみが累積してくると動的再結晶が起こることが予測され，実験的にも確認されている[4]．

また，Nb，Ti，Vなどのマイクロアロイ元素を添加するとオーステナイトの再結晶が著しく遅滞することが知られている．制御圧延によく用いられるNbについて，再結晶に及ぼす固溶Nbと析出Nbの影響をそれぞれ考慮したモデルが報告されている[5]．

変態組織予測モデルとは変態により生成するフェライト，パーライト，ベイナイトなどの変態挙動とその組織分率ならびにフェライト粒径を予測するものである．その際，変態モデル式に熱力学データベースを取り込むと汎用化が果たせる．すなわち，ある1鋼種で変態挙動の予測モデルを構築すれば，他鋼種の変態挙動も予測できることを意味する．また，精度よく変態挙動を予測するには，変態挙動に及ぼすオーステナイト粒径，変態前の再結晶状態などオーステナイト組織の情報を定量的に取り入れることのできる定式化が重要である．そのため，上述した熱間加工組織予測モデルとの連成が必須になる．同様に予測の精度向上には変態の進行とともに発生する変態発熱を冷却時の温度予測に考慮しなければならない．これらの項目をすべて取り入れたモデルが末広らによって開発された[6]．そのモデルを概説する．

図9.4に各変態組織の生成開始条件を示す．フェライト変態は温度がA_{e3}に達した時点で起こるとし，パーライト変態はフェライト変態に伴いオーステナイト中のC濃度が濃縮することを考慮したC濃度-温度曲線がA_{cm}に達した時点で起こるとした．このA_{e3}，A_{cm}は熱力学データベースにより各種の成分系で算出できる．ベイナイト変態の開始条件はT_0温度（γ相とα相の自由エネルギーが等しい温度）に若干の過冷度を考慮して算出することもできるが，このモデルでは実験式を用いている．

フェライトの核生成頻度は古典的核生成理論に基づき1.7.1項の式(1.5)で定式化している．また，成長速度は1.7.1項で示した成長の式(1.6)に成長端の曲率半径rを考慮した式[7]を用いている．

9.1 組織材質予測制御技術

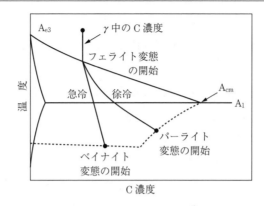

図 9.4 各変態の開始条件[6]

なお,フェライト変態挙動ならびにフェライト粒径に及ぼすオーステナイト組織の影響については,変態の核生成サイトを熱間加工組織予測モデルで予測したオーステナイト粒径と残留転位密度の関数で定式化することにより,**図 9.5** に例を示すように定量的に考慮することに成功している.

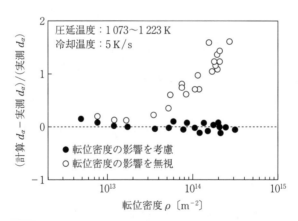

図 9.5 フェライト粒径予測結果に及ぼすオーステナイト中の残留転位密度の影響[6]

パーライト変態はフェライト変態に引き続き起こるとし,低炭素鋼においては各生成サイトがすでにフェライトで覆われていて,新たな核生成成長は起こらないと仮定して,フェライト界面からの成長のみでパーライト変態の進行を

定式化している．そのときの成長はオーステナイト中のCの拡散律速で求めている．また，その際ラメラー間隔が関与するが，それは過冷度 ΔT に比例して狭くなるという関係を利用して過冷度の関数として取り扱っている．

また，ベイナイト変態も成長のみで進行すると仮定して，拡散型変態として取り扱っている．ただし，フェライト変態の取扱いとは異なり，変態界面のオーステナイトに流入したCはセメンタイトとして析出すると仮定して変態の進行に伴うCのオーステナイト中への濃化は考慮していない．

表9.2 に以上述べた低炭素鋼の各変態挙動の定式化と各係数の値を示す．この変態モデルは冷延鋼板の連続焼鈍での変態の予測にも用いることができる．ただし，DP鋼やTRIP鋼のように二相域で加熱される場合はMnなどの添加元素が各相に分配されることを考慮する必要がある[8]．

表9.2 変態挙動の定式化[6]

変　態	変態速度の基本式	核生成頻度および成長速度	係　数
フェライト	核生成-成長 $\dfrac{dx}{dt}=4.046\left(k_1\dfrac{6}{d_\gamma^4}\tau IG^3\right)^{1/4}$ $\times\left(\ln\dfrac{1}{1-x}\right)^{3/4}(1-x)$	$I=T^{-1/2}D$ $\times\exp\left(-\dfrac{k_3}{RT\Delta G_V^2}\right)$ $G=\dfrac{1}{2\gamma}D\dfrac{C_{\gamma\alpha}-C_\gamma}{C_\gamma-C_\alpha}$	$k_1=1.7476\times10^6$ $k_2=8.933\times10^{-12}\exp\left(\dfrac{21100}{T}\right)$ $k_3=(\mathrm{cal}^3/\mathrm{mol}^3)=0.957\times10^9$
パーライト	核生成場の飽和-成長 $\dfrac{dx}{dt}=k_2\dfrac{6}{d_\gamma}G(1-x)$	$G=\Delta T\times D(C_{\gamma\alpha}-C_{\gamma\beta})$	$k_2=6.72\times10^6$
ベイナイト		$G=\dfrac{1}{2\gamma}D\dfrac{C_{\gamma\alpha}-C_\gamma}{C_\gamma-C_\alpha}$	$k_2=6.816\times10^{-4}\exp\left(\dfrac{3431.5}{T}\right)$

d_γ：γ粒径〔m〕，D：γ中のCの拡散係数〔m^2/s〕，C_γ：γ中のCモル分率濃度，C_α：フェライト中のCモル分率濃度，$C_{\gamma\alpha}$：γ/α界面のγ中のCモル分率濃度，$C_{\gamma\beta}$：γ/cem界面のγ中のCモル分率濃度，ΔT：A_{e1}よりの過冷度〔K〕，γ：成長界面の曲率半径〔m〕

変態に伴う組織制御で，ばらつきの観点で注意を要するのが変態発熱である．**図9.6** に変態に伴う発熱現象の定式化とそれに伴う温度履歴の変化を示す[9]．発熱は格子変態に伴う発熱 q_l と磁気変態に伴う発熱 q_m が加算されるかたちになる．図に示すように，この例では冷却終了後に自然冷却をしているにもかかわらず変態発熱により板温度は上昇している．強度は巻取温度CTによって大きな影響を受けるために，CTが設定温度と異なることは品質不良に

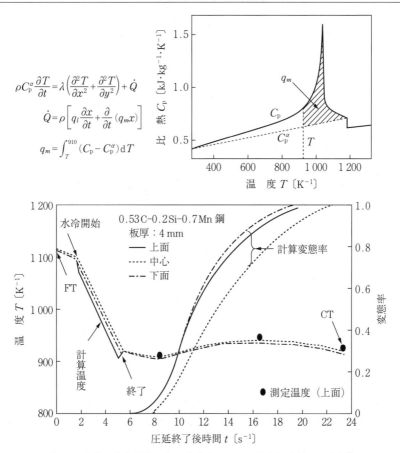

図 9.6 変態に伴う発熱現象の定式化とそれに伴う温度履歴の変化[9]

つながる．このような変態発熱による温度履歴の変化を予測するには変態挙動を精度良く予測する必要があり，変態予測モデルの真価が発揮される．

組織から材料特性を予測する式は数多く提案されている．**図 9.7** は引張強さと各相の変態温度の関係を示す．このように両者にはよい相関がある．これは変態時に生成した変態転位の回復が温度が低いほど遅行し，転位が多く残存することや変態温度が低いほど組織の微細化が達成されることに対応する．物理的意味合いは乏しいが延性，靱性に及ぼす組織因子の定式化もなされているので文献を参照されたい[10]．

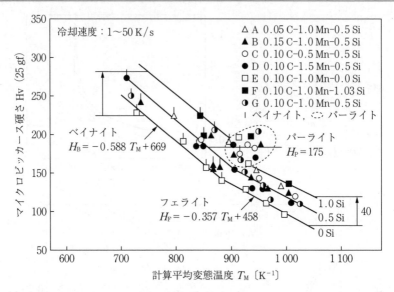

図9.7 低炭素鋼の各組織の硬さと変態予測モデルで求めた平均変態温度の関係[1]

以上，C-Si-Mn鋼に使用できる組織材質予測モデルについて説明したが，8章で紹介した高機能材料の多くは既存の組織材質モデルでは組織変化ならびに製品の材質を予測することができず，さらなる開発が必須である．

図9.8は高機能材料の組織材質モデルを開発するために2005年に日本鉄鋼協会の研究会でまとめた課題を示す．詳細は省くが多くの課題があることがわかる．

一例として②の相界面析出を含む析出一貫予測モジュールについて触れると，**図9.9**に示すように各工程での析出挙動を予測するには再結晶，変態が影響を与えるために（逆に析出も再結晶，変態の影響を与える），各予測モデルの連成が重要になる．このように組織材質予測技術の分野は挑戦的課題が山積している．

9.1 組織材質予測制御技術

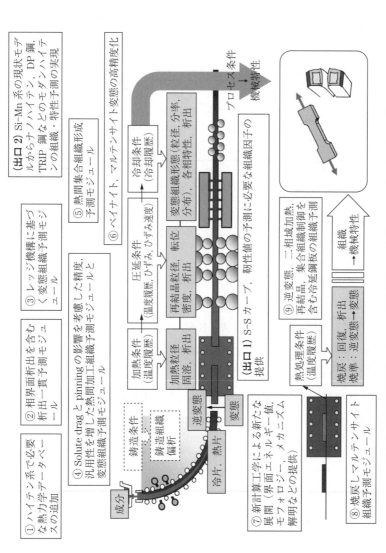

図9.8 組織材質予測モデルの高機能材料への拡張のために克服すべき課題[8]

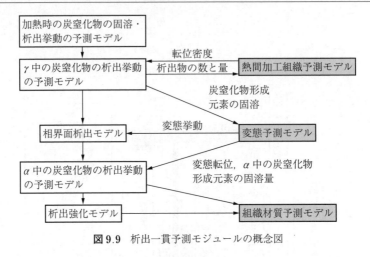

図 9.9 析出一貫予測モジュールの概念図

9.2 ホットスタンピング技術

ホットスタンピングは 1 500 MPa 超級の超高強度自動車部品の製造技術として近年目覚ましく発展し，注目を集めている．**図 9.10** はその概要図で，オーステナイト域に加熱された材料をプレス成形して，金型で押さえつけたまま金型の抜熱で急冷してマルテンサイト変態を起こさせ，高強度で形状凍結性に優れた部品を製造する技術である．

図 9.11 は現在世界中で用いられている 1 500 MPa 級のホットスタンピング材（0.22％ C-1.2％ Mn-0.15％ Cr-0.01％ Ti-0.000 2％ B）のCCT曲線である[11]．この図が示すように，金型抜熱により 20℃ /s 以上の冷速が確保できれ

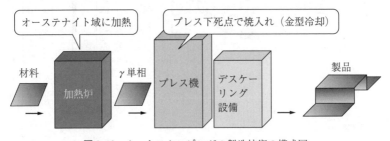

図 9.10 ホットスタンピングの製造技術の模式図

9.2 ホットスタンピング技術

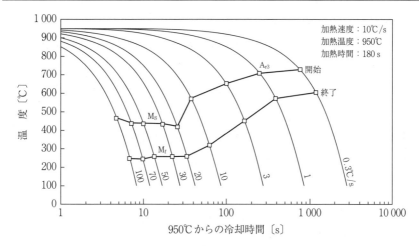

図 9.11 代表的なホットスタンピング材の CCT 曲線（0.22% C-1.2% Mn-0.15% Cr-0.02% Ti-0.002% B）[11]

ば組織はマルテンサイト一相の組織になる.

表 9.3 にホットスタンピングの利点と欠点を示す. 冷間プレスに対するホットスタンピングの最大の優位性はきわめて優れた形状凍結性と成形性である. 1500 MPa 超級部品を冷間プレスで製造すると, たとえ成形できても大きなスプリングバックにより所定の形状を確保するのはきわめて難しい. 一方, ホットスタンピングではほぼ金型どおりの形状を得ることができる. また, 成形性についても 300 MPa 級の冷間プレスとほぼ同等の張出し成形が 1500 MPa 級のホットスタンピング部品で可能なことが報告されている[12].

ホットスタンピング技術の普及の最大の障害は高い製造コストにある. 大型

表 9.3 ホットスタンピング技術の利点欠点

利 点	欠 点
・形状凍結性に優れる. 優れた寸法精度 ・成形荷重が小さい. プレスの小型化 ・大型部品の一体成形化（パッチ数の低減） ・優れた成形性 ・金型修正が不要. 開発期間の短縮 ・素材調達性 ・TB 溶接部の不均一変形を回避	・加熱炉, レーザー切断設備などの付帯設備が必要. 初期投資が大きく, 比較的場所を取る. ・生産性が低い. ・熱を使うため生産環境が悪い. ・酸化防止対策あるいはデスケ設備 ・レーザー切断 ・金型コスト

加熱設備やレーザー切断装置の導入，金型内冷却時間確保による生産性の低下が高コストの原因になっている．大型加熱設備についてはコンパクト化や従来の電気炉から通電加熱などの急速加熱装置への変更による対策が図られている．レーザー切断についてはホットスタンピング時に同時にホットトリミングをすることで簡省略する試みがなされている．また，金型内冷却時間の短縮には金型材質の改善による高抜熱金型の使用や金型内直噴冷却技術などが実用化されている[13]．また，形状凍結性を確保した金型外冷却に関する報告もある[14]．ホットスタンピングの成形性ならびに生産性向上技術の詳細については解説論文[14]を参照されたい．

ホットスタンピング技術で注目されている課題の一つに，さらなる高強度化の材料開発がある．この開発の最重点課題は耐遅れ破壊性の確保である．図9.12は1500 MPa級ホットスタンピング材の遅れ破壊に及ぼすマルテンサイト結晶粒径の影響を示す[15]．遅れ破壊試験は試験片に水素が侵入する条件で一定負荷を与え，破断に至るまでの時間を測定して評価している．この図に示すように，結晶粒径の微細化により耐遅れ破壊性は向上する．その理由として粒界の単位面積当りに存在する水素量が減少す

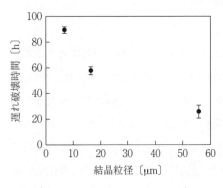

図9.12　1500 MPa級ホットスタンピング材の遅れ破壊に及ぼすマルテンサイト結晶粒径の影響[15]

ることで粒界ならびにその近傍の脆化が抑制された可能性が報告されている[15]．ホットスタンピング材の組織の微細化は熱延板組織の微細化，巻取温度の低温化，冷延率の増加，短時間急速加熱，マイクロアロイ元素の添加などが有効である[16]．

図9.13に，2000 MPa級ホットスタンピング材の遅れ破壊に及ぼすマイクロアロイ元素の影響を示す．マイクロアロイ元素の添加は耐遅れ破壊性は向上する[15]．その理由としてマイクロアロイ元素の添加による結晶粒の微細化とと

もに析出物の水素トラップサイト能力，粒界偏析による粒界強度の増加などが挙げられている．

ホットスタンピング材のめっきには溶融金属割れが起こるため亜鉛めっきの使用は限定的でほとんどの場合アルミめっきが使用されている．しかし，亜鉛めっきは犠牲防食性があるので，市場ニーズも高く，亜鉛めっきのホットスタンピングへの適用は重要課題となっている．従来のホットスタンピングの熱処理・加工条件では溶融した亜鉛がプレス加工時に粒界に侵入して溶融金属割れを起こ

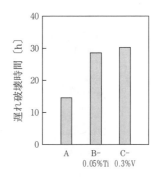

図9.13 2 000 MPa級ホットスタンピング材の遅れ破壊に及ぼすマイクロアロイ元素添加の影響[15]（A鋼：0.28% C-3% Mn-0.01% Ti-0.002% B, B鋼：AにTiを0.05%に増量，C鋼：A+0.3% V）

す．その解決策として高温で長時間加熱して亜鉛を母相の鉄に固溶させ液相の亜鉛を消滅させることが提案されているが[17]，長時間保持により表層の酸化膜が厚くなり，溶接性，塗装性に支障が生じるためショットブラストなどにより酸化膜の除去が必要となり実用化の支障になっている．ほかの解決法は，プレス加工前に材料を亜鉛の融点以下 M_s 点以上の温度に急冷して亜鉛を固相化することである[18]．この温度域に急冷することによりマルテンサイトより軟質な相が析出するのではないかと懸念されるが，TTT曲線をとればわかるが，実際は既存の1 500 MPa級の材料でも急冷後10秒程度はオーステナイトが維持される．それゆえ，その間にプレス加工をすれば強度も確保でき，溶融金属割れも起こらない．また，低温でスタンピングするため，高価な耐熱鋼を使用する必要がなくなり，金型コストが低減できるだけでなく，M_s 点に達するまでの金型抜熱時間も短縮でき，生産性の向上にも寄与する．そのうえ，図9.14に示すように，張出し性は M_s 点以上の成形ならば低温のほうが優れているため，成形性の面でも低温スタンピングは有利になる．この理由は，成形温度が低下するほど金型の接触部と非接触部の温度差が小さくなり，温度の高い非接触部でのくびれの優先的進行が抑制されるためである．また，図中で断熱あり

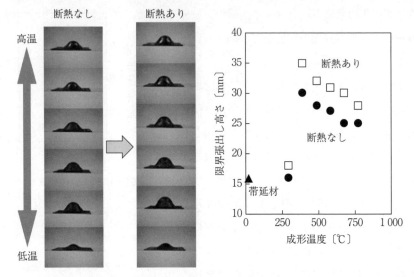

図 9.14 張出し性に及ぼす成形温度の影響[14]

とは，金型に断熱処理を施し，金型接触部の温度低下を抑制した場合で，この場合も金型の接触部と非接触部の温度差が小さくなり，温度の高い非接触部でのくびれの進行が抑制されることで限界張出し高さが向上する．この知見をさらに発展させ，くびれが生じる部位を成形前に冷却しておくことで，優れた張出し成形性を実現した例も紹介されている[19]．このように適切な材料の知識を持つことで塑性加工技術者は生産性，成形性の向上や新たな材料ならびにめっきの実用化を果すことができるという良い例をこの事例は示す．

引用・参考文献

1) 矢田浩ほか：日本金属学会会報，**29**（1990），430.
2) Yoshie, A., et al.：Trans. ISIJ, **27**（1987), 425.
3) 瀬沼武秀ほか：鉄と鋼，**70**（1984），2112.
4) Minami, K., et al.：ISIJ Int., **36**（1996), 1507.
5) Yoshie, A., et al.：Proc. Int. Conf. on Physical Metallurgy of Thermomechanical Processing of Steels and Other Metals, ISIJ, Tokyo,（1988), 799.

6) 末広正芳ほか：鉄と鋼, **73** (1987), 1026.
7) Hillert, M. : Jernkontorets Ann., **141** (1957), 757.
8) 瀬沼武秀：計算工学による組織と特性予測技術研究会最終報告書, ［日本鉄鋼協会］, (2010), 123.
9) Suehiro, M., et al. : ISIJ Int., **32** (1992), 433.
10) Kwon, O. : 同上, **32** (1992), 350.
11) Suehiro, M., et al. : Nippon Steel Technical Report, No. 88, (2003), 16.
12) Kusumi, K., et al. : 同上, **393** (2012), 47.
13) Nomura, N., et al. : Proc. of 5th Int. Conf. on Hot Sheet Metal Forming of High-Performance Steel, ed. by M. Oldenburg, K. Steinhoff, and B. Prakash, Verlag Wissensschaftliche Scripten, Auerbach/Germany, 549.
14) 瀬沼武秀ほか：鉄と鋼, **100** (2014), 1481.
15) Matsumoto, M., et al. : Proc. of 5th Int. Conf. on Hot Sheet Metal Forming of High-Performance Steel, 55.
16) 小野貴史ほか：鉄と鋼, **99** (2013), 475.
17) Sengoku, A., et al. : Proc. of 5th Int. Conf. on Hot Sheet Metal Forming of High-Performance Steel, 363.
18) Kurz, T., et al. : 同上, 345.
19) Ota, E., et al. : 同上, 429.

索引

【あ】
圧延集合組織　38
穴広げ比　120
アルミニウム　128
アルミニウム合金　130

【い】
イオンプレーティング　108
インコネル　151

【え】
鋭敏化　169
液圧バルジ試験　120
延性-脆性遷移温度　84
延性破壊　81
エンタルピー　17
エントロピー　17

【お】
黄銅　147
応力腐食割れ　93, 148, 169
オキサイトメタラジー　28
遅れ破壊　91
オストワルド成長　46
オートテンパリング　31, 99
オレンジピール　72, 96
オロワン機構　45

【か】
回復　35
拡散　21
拡散クリープ　52
拡散係数　22
拡散速度　8
拡散変態　23
加工誘起マルテンサイト　157
カッティング機構　45

【き】
下部ベイナイト　29
犠牲防食　163
逆極点図　7
球状化焼鈍　98
強度-穴広げ性バランス　73
強度-延性バランス　73
金属結合　1

【く】
クリープ　51
クリープ試験　125
グレージング　107

【け】
形状記憶・超弾性合金　139
結晶構造　1
結晶方向　4
結晶面　4
限界絞り比　120
限界張り出し高さ　119
原子空孔　8

【こ】
交差すべり　13
格子間不純物原子　8
高周波加熱処理　106
固相拡散接合　142
古典の核生成理論　24
固溶強化　44

【さ】
再結晶　35
再結晶集合組織　38
再結晶焼鈍　96
最密六方構造　2
材料パラメータ　64

【し】
サブグレイン構造　35
サブゼロ処理　31
残留オーステナイト　31

磁気探傷試験　127
自然時効　103
磁粉探傷法　127
自由エネルギー曲線　18
集合組織　6
シュミットファクター　13
準動的再結晶　175
ショア硬さ　124
上昇運動　13
状態図　17
蒸着法　108
焼鈍　95
焼鈍双晶　10
上部ベイナイト　29
ショットピーニング　108
ジョミニー試験　30
浸透探傷試験　127
侵入型固溶原子　8

【す】
水素脆化　91
ステレオ投影法　6
ステンレス鋼　164
ストレッチャーストレイン　103, 155
スパッタリング　108
スピノーダル分解　32
すべり系　4
すべり変形　12

【せ】
制御圧延　28
成形限界曲線　72

整合界面	32
脆性破壊	83
静的再結晶	173
青 銅	148
析 出	32
析出強化	45
積層欠陥	9
積層欠陥エネルギー	10
セル構造	35
線欠陥	8
せん断帯	16

【そ】

相界面析出	161
双 晶	9
双晶境界	9
双晶変形	14
相変態	23
組織材質予測技術	173

【た】

対応粒界	10
体拡散	22
体心立方晶	2

【ち】

置換不純物原子	8
チタン	134
チタン合金	135
中 Mn 残留オーステナイト鋼	159
超音波探傷試験	126
超成形性冷延鋼板	154
超塑性	170
超塑性変形	15
超微細組織鋼	153

【て】

低温焼なまし	96
低炭素残留オーステナイト鋼	157
てこの法則	18
デラミネーション	162
転 位	8
転位強化	46
転位クリープ	52

点欠陥	8

【と】

銅	145
銅合金	146
動的回復	10, 39
動的再結晶	10, 39, 173
動的ひずみ時効	59
塗装焼付け	103

【な】

中島法	72

【に】

ニクロム	151
二相域焼鈍	98
ニッケル	150
ニッケル合金	150

【の】

伸びフランジ性	76

【は】

パイエルス力	11
パイプ拡散	22
バウシンガー効果	65
バーガースベクトル	9
白 銅	149
刃状転位	8
ハステロイ	151
パーマロイ	151
パーライト	28
パーライト変態	28
張出し性	74
バルジング機構	39

【ひ】

ひずみ時効	103
非整合界面	32
ビッカース硬さ	124
非破壊検査	126
表面処理鋼板	163
疲労限	88
疲労破壊	86

【ふ】

フィックの第一法則	22
フィックの第二法則	22
フェライト	27
フェライト変態	27
深絞り性	75
部分整合界面	32
プラズマ CVD 法	109
フランクリード機構	13
ブリネル硬さ	124

【へ】

ベイナイト	29
ベイナイト変態	29
変形集合組織	38
変形双晶	10
変形帯	16
ペンシルグライド	12
変態強化	46
変態発熱	176

【ほ】

放射線試験	126
ホットスタンピング	173

【ま】

マグネシウム	143
マグネシウム合金	143
曲げ性	76
摩擦撹拌接合	142
摩擦撹拌溶接	133
マルエージング鋼	163
マルテンサイト変態	30

【み】

ミラー指数	4

【む】

無拡散変態	23

【め】

面欠陥	9
面心立方構造	2

【や】

焼入れ	98
焼入れ性	30
焼なまし	95
焼ならし	105
焼戻し	99

【よ】

溶解度積	34
陽極酸化	133
洋銀	149

溶体化処理	45
洋白	149

【ら】

ラス	29
ラス状マルテンサイト	31
らせん転位	8
ラメラー間隔	28
ランダム粒界	11

【り】

リジング	166

粒界	9
粒界拡散	22
粒界強化	46
粒界すべり	15

【れ】

レンズ状マルテンサイト	32

【ろ】

ロックウェル硬さ	124

【α】

$\alpha+\beta$ 型チタン合金	137
α 型チタン合金	137

【β】

β 型チタン合金	138

【B】

BH 鋼板	155
BH 処理	103

【C】

CCT	19
CVD	109

【D】

DP 鋼	156

【E】

EBSD	5

【I】

IF 鋼板	154

【P】

PVD	108

【Q】

Q & P	159

【S】

S-N 線図	88

【T】

TRIP 鋼	157
TTT	19
TWIP 鋼	14

金属材料 ── 加工技術者のための金属学の基礎と応用 ──
Metallic Materials
- Fundament and Application of Materials Science for Mechanical Engineers -
Ⓒ 一般社団法人　日本塑性加工学会　2016

2016 年 11 月 11 日　初版第 1 刷発行

検印省略	編　者	一般社団法人 **日本塑性加工学会** 東京都港区芝大門 1-3-11 Y・S・K ビル 4F
	発行者	株式会社　コロナ社 代表者　牛来真也
	印刷所	萩原印刷株式会社

112-0011　東京都文京区千石 4-46-10
発行所　株式会社 **コロナ社**
CORONA PUBLISHING CO., LTD.
Tokyo Japan
振替 00140-8-14844・電話 (03) 3941-3131 (代)
ホームページ http://www.coronasha.co.jp

ISBN 978-4-339-04376-1　（松岡）　（製本：愛千製本所）
Printed in Japan

本書のコピー，スキャン，デジタル化等の無断複製・転載は著作権法上での例外を除き禁じられております。購入者以外の第三者による本書の電子データ化及び電子書籍化は，いかなる場合も認めておりません。

落丁・乱丁本はお取替えいたします

機械系教科書シリーズ

(各巻A5判，欠番は品切です)

- ■編集委員長　木本恭司
- ■幹　　事　　平井三友
- ■編集委員　青木　繁・阪部俊也・丸茂榮佑

配本順		書名	著者	頁	本体
1.	(12回)	機械工学概論	木本恭司 編著	236	2800円
2.	(1回)	機械系の電気工学	深野あづさ 著	188	2400円
3.	(20回)	機械工作法(増補)	平井三友・和田任弘・塚本晃久・三村宜敬 共著	208	2500円
4.	(3回)	機械設計法	朝比奈奎一・黒田孝春・山口健二・荒井　正・吉川誠一・浜口和洋 共著	264	3400円
5.	(4回)	システム工学	古井克徳・浜田恵美 共著	216	2700円
6.	(5回)	材　料　学	久保井洋・樫原徳蔵 共著	218	2600円
7.	(6回)	問題解決のための Cプログラミング	佐藤次男・中村理一郎 共著	218	2600円
8.	(7回)	計測工学	前田良昭・木村一郎・押田至啓・田中和秀之 共著	220	2700円
9.	(8回)	機械系の工業英語	牧野州秀・水谷雄也・牛山佑司 共著	210	2500円
10.	(10回)	機械系の電子回路	高橋晴俊・丸茂榮佑・木本恭司 共著	184	2300円
11.	(9回)	工業熱力学	丸茂榮佑・木本恭司 共著	254	3000円
12.	(11回)	数値計算法	藪　忠司・伊藤　惇・藤田紀男 共著	170	2200円
13.	(13回)	熱エネルギー・環境保全の工学	井田民男・木本恭司・崎本友紀・山崎友紀・山田本光雄・坂田光雄・口石　彦 共著	240	2900円
15.	(15回)	流体の力学	坂田光雄・口石紘二 共著	208	2500円
16.	(16回)	精密加工学	田口紘三・明石剛夫 共著	200	2400円
17.	(30回)	工業力学(改訂版)	吉村靖夫・米内山誠 共著	240	2800円
18.	(18回)	機械力学	青木　繁 著	190	2400円
19.	(29回)	材料力学(改訂版)	中島正貴 著	216	2700円
20.	(21回)	熱機関工学	越智敏明・吉本隆光・固本俊也・中田光一 共著	206	2600円
21.	(22回)	自動制御	阪部俊也・飯田賢一 共著	176	2300円
22.	(23回)	ロボット工学	早川恭弘・野松順弘・禮野明彦・矢野順一・重松洋男 共著	208	2600円
23.	(24回)	機構学	重松洋敏 共著	202	2600円
24.	(25回)	流体機械工学	小池　勝 著	172	2300円
25.	(26回)	伝熱工学	丸茂榮佑・矢尾匡永・牧野秀 共著	232	3000円
26.	(27回)	材料強度学	境田　彰 編著	200	2600円
27.	(28回)	生産工学 ―ものづくりマネジメント工学―	本位田光重・皆川健多郎 共著	176	2300円
28.		CAD／CAM	望月達也 著		

定価は本体価格+税です。
定価は変更されることがありますのでご了承下さい。

図書目録進呈◆

技術英語・学術論文書き方関連書籍

Wordによる論文・技術文書・レポート作成術
－Word 2013/2010/2007 対応－
神谷幸宏 著
A5／138頁／本体1,800円／並製

技術レポート作成と発表の基礎技法
野中謙一郎・渡邉力夫・島野健仁郎・京相雅樹・白木尚人 共著
A5／160頁／本体2,000円／並製

マスターしておきたい 技術英語の基本
－決定版－
Richard Cowell・余 錦華 共著
A5／220頁／本体2,500円／並製

科学英語の書き方とプレゼンテーション
日本機械学会 編／石田幸男 編著
A5／184頁／本体2,200円／並製

続 科学英語の書き方とプレゼンテーション
－スライド・スピーチ・メールの実際－
日本機械学会 編／石田幸男 編著
A5／176頁／本体2,200円／並製

いざ国際舞台へ！
理工系英語論文と口頭発表の実際
富山真知子・富山 健 共著
A5／176頁／本体2,200円／並製

知的な科学・技術文章の書き方
－実験リポート作成から学術論文構築まで－
中島利勝・塚本真也 共著
A5／244頁／本体1,900円／並製

日本工学教育協会賞（著作賞）受賞

知的な科学・技術文章の徹底演習
塚本真也 著
A5／206頁／本体1,800円／並製

工学教育賞（日本工学教育協会）受賞

科学技術英語論文の徹底添削
－ライティングレベルに対応した添削指導－
絹川麻理・塚本真也 共著
A5／200頁／本体2,400円／並製

定価は本体価格+税です。
定価は変更されることがありますのでご了承下さい。

シミュレーション辞典

日本シミュレーション学会 編
A5判／452頁／本体9,000円／上製・箱入り

- ◆編集委員長　大石進一（早稲田大学）
- ◆分野主査　　山崎　憲（日本大学），寒川　光（芝浦工業大学），萩原一郎（東京工業大学），
  矢部邦明（東京電力株式会社），小野　治（明治大学），古田一雄（東京大学），
  小山田耕二（京都大学），佐藤拓朗（早稲田大学）
- ◆分野幹事　　奥田洋司（東京大学），宮本良之（産業技術総合研究所），
  小俣　透（東京工業大学），勝野　徹（富士電機株式会社），
  岡田英史（慶應義塾大学），和泉　潔（東京大学），岡本孝司（東京大学）

（編集委員会発足当時）

シミュレーションの内容を共通基礎，電気・電子，機械，環境・エネルギー，生命・医療・福祉，人間・社会，可視化，通信ネットワークの8つに区分し，シミュレーションの学理と技術に関する広範囲の内容について，1ページを1項目として約380項目をまとめた。

- I　共通基礎（数学基礎／数値解析／物理基礎／計測・制御／計算機システム）
- II　電気・電子（音　響／材　料／ナノテクノロジー／電磁界解析／VLSI設計）
- III　機　械（材料力学・機械材料・材料加工／流体力学／熱工学／機械力学・計測制御・生産システム／機素潤滑・ロボティクス・メカトロニクス／計算力学・設計工学・感性工学・最適化／宇宙工学・交通物流）
- IV　環境・エネルギー（地域・地球環境／防　災／エネルギー／都市計画）
- V　生命・医療・福祉（生命システム／生命情報／生体材料／医　療／福祉機械）
- VI　人間・社会（認知・行動／社会システム／経済・金融／経営・生産／リスク・信頼性／学習・教育／共　通）
- VII　可視化（情報可視化／ビジュアルデータマイニング／ボリューム可視化／バーチャルリアリティ／シミュレーションベース可視化／シミュレーション検証のための可視化）
- VIII　通信ネットワーク（ネットワーク／無線ネットワーク／通信方式）

本書の特徴

1. シミュレータのブラックボックス化に対処できるように，何をどのような原理でシミュレートしているかがわかることを目指している．そのために，数学と物理の基礎にまで立ち返って解説している．
2. 各中項目は，その項目の基礎的事項をまとめており，1ページという簡潔さでその項目の標準的な内容を提供している．
3. 各分野の導入解説として「分野・部門の手引き」を供し，ハンドブックとしての使用にも耐えうること，すなわち，その導入解説に記される項目をピックアップして読むことで，その分野の体系的な知識が身につくように配慮している．
4. 広範なシミュレーション分野を総合的に俯瞰することに注力している．広範な分野を総合的に俯瞰することによって，予想もしなかった分野へ読者を招待することも意図している．

定価は本体価格+税です．
定価は変更されることがありますのでご了承下さい．

図書目録進呈◆

塑性加工全般を網羅した！

塑性加工便覧

CD-ROM付

日本塑性加工学会 編

B5判／1 194頁／本体36 000円／上製・箱入り

編集機構

- **出版部会 部会長** 　近藤　一義
- **出版部会 幹事** 　石川　孝司
- **執筆責任者**
  （五十音順）

青木　　勇	小豆島　明	阿髙　松男	池　　　浩
井関日出男	上野　恵尉	上野　　隆	遠藤　順一
川井　謙一	木内　　學	後藤　　學	早乙女康典
田中　繁一	団野　　敦	中村　　保	根岸　秀明
林　　　央	福岡新五郎	淵澤　定克	益居　　健
松岡　信一	真鍋　健一	三木　武司	水沼　　晋
村川　正夫			

塑性加工分野の学問・技術に関する膨大かつ貴重な資料を，学会の分科会で活躍中の研究者，技術者から選定した執筆者が，機能的かつ利便性に富むものとして役立て，さらにその先を読み解く資料へとつながる役割を持つように記述した。

主要目次

1．総　　　論	12．ロール成形
2．圧　　　延	13．チューブフォーミング
3．押　出　し	14．高エネルギー速度加工法
4．引抜き加工	15．プラスチックの成形加工
5．鍛　　　造	16．粉　　　末
6．転　　　造	17．接合・複合
7．せ　ん　断	18．新加工・特殊加工
8．板　材　成　形	19．加工システム
9．曲　　　げ	20．塑性加工の理論
10．矯　　　正	21．材料の特性
11．ス　ピ　ニ　ン　グ	22．塑性加工のトライボロジー

定価は本体価格＋税です。
定価は変更されることがありますのでご了承下さい。

図書目録進呈◆

新塑性加工技術シリーズ

(各巻A5判)

■日本塑性加工学会 編

配本順			(執筆代表)	頁	本体
1.		**塑性加工の計算力学** ―塑性力学の基礎からシミュレーションまで―	湯川 伸樹		
2.	(2回)	**金属材料** ―加工技術者のための金属学の基礎と応用―	瀬沼 武秀	204	2800円
3.		**プロセス・トライボロジー** ―塑性加工の摩擦・潤滑・摩耗のすべて―	中村 保		
4.	(1回)	**せん断加工** ―プレス切断加工の基礎と活用技術―	古閑 伸裕	266	3800円
5.	(3回)	**プラスチックの加工技術** ―材料・機械系技術者の必携版―	松岡 信一	304	4200円
		引抜き ―棒線から管までのすべて―	齋藤 賢一		
		鍛造 ―目指すは高機能ネットシェイプ―	北村 憲彦		
		圧延 ―ロールによる板・棒線・管・形材の製造―	宇都宮 裕		
		板材のプレス成形 ―曲げ・絞りの基礎と応用―	髙橋 進		
		回転成形 ―転造とスピニングの基礎と応用―	川井 謙一		
		押出し ―基礎から高機能付加成形まで―	星野 倫彦		
		チューブフォーミング ―軽量化と高機能化の管材二次加工―	栗山 幸久		
		矯正加工 ―板・棒・線・形・管材矯正の基礎と応用―	前田 恭志		
		衝撃塑性加工 ―衝撃エネルギーを利用した高度成形技術―	山下 実		
		粉末成形 ―粉末加工による機能と形状のつくり込み―	磯西 和夫		
		接合・複合 ―ものづくりを革新する接合技術のすべて―	山崎 栄一		

定価は本体価格+税です。
定価は変更されることがありますのでご了承下さい。

図書目録進呈◆